技工院校信息类专业工学一体化教材

技工院校计算机程序设计专业教材（中/高级技能层级）

Java 程序设计基础

主　编　赵慧慧

副主编　沈田予

主　审　郭　煜　邹伟民

中国劳动社会保障出版社

简介

本书主要内容包括 Java 概述、Java 基础语法、Java 面向对象基础、Java 常用类库、Java 异常处理、Java 图形用户界面程序设计等。

本书由赵慧慧担任主编，沈田予担任副主编，张威威、张南、张云娜、芦治国参加编写，郭煜、邹伟民担任主审。

图书在版编目（CIP）数据

Java 程序设计基础 / 赵慧慧主编 . -- 北京 : 中国劳动社会保障出版社，2025. --（技工院校信息类专业工学一体化教材）（技工院校计算机程序设计专业教材）.
ISBN 978-7-5167-6919-5

Ⅰ. TP312.8

中国国家版本馆 CIP 数据核字第 2025N40Z38 号

Java 程序设计基础
Java CHENGXU SHEJI JICHU

中国劳动社会保障出版社出版发行
（北京市惠新东街 1 号　邮政编码：100029）

*

三河市华骏印务包装有限公司印刷装订　　新华书店经销

787 毫米 ×1092 毫米　16 开本　15.75 印张　295 千字
2025 年 6 月第 1 版　　2025 年 6 月第 1 次印刷
定价：40.00 元

营销中心电话：400-606-6496
出版社网址：https://www.class.com.cn
https://jg.class.com.cn

前言

近年来，在《“十四五”数字经济发展规划》等国家级战略的引领下，我国计算机产业蓬勃发展、不断壮大，为物联网、云计算、大数据、人工智能等前沿科技领域注入了强大的发展动力，实现了技术与产业的深度融合与相互赋能。这一趋势使市场急需大量从事计算机网站前端和后端开发、运维、测试、移动应用开发、售前售后技术支持等工作的人才，其需求量随着产业的快速发展而逐年攀升，为技工院校计算机程序设计专业提供了广阔的发展前景。为了满足市场对计算机程序设计相关人才的需求，各技工院校纷纷加强计算机程序设计专业建设，致力于培养适应市场要求的技能型人才。为了满足技工院校教学要求，全面提升教学质量，我们组织了一批具有丰富教学经验和行业实践经验的教师与行业企业专家，深入调研市场需求、分析企业用人标准、总结教学改革经验，依据人力资源社会保障部颁布的《全国技工院校专业目录》及相关教学文件，开发了本套计算机程序设计专业教材。

教材体系

基础模块	核心模块	选修模块
网页设计与制作（HTML5+CSS3）	UI界面设计	微信小程序设计
Python程序设计基础	MySQL数据库应用	大数据技术应用基础
C#程序设计基础	SQL Server数据库应用	云计算技术应用基础
Java程序设计基础	Web前端开发（JavaScript）	人工智能技术应用基础
Windows网络操作系统	Python项目开发	
Linux网络操作系统	C#项目开发（桌面软件）	
	Java项目开发	
	程序功能测试	
	Web后端开发（JSP）	
	Redis非关系型数据库应用	
	移动应用开发	
	网站全栈开发	
	软件系统测试	

计算机程序设计专业教材体系

编写特色

1. 结合技工院校实际情况，制定专业教学标准

通过行业企业调研，分析技工院校地区差异情况，进行典型工作任务与工作岗位分析，

制定《技工院校计算机程序设计专业教学标准》，确定了中级、高级、技师（预备技师）技能人才的培养目标。基于工作岗位、职业能力和职业教育规律构建了“基础模块 + 核心模块 + 选修模块”的教材体系，确保学生既能掌握扎实的理论基础，又能具备较强的实践能力。

2. 创新编写形式，降低编写难度

在基础模块教材中，如 Python、C#、Java 等程序设计基础类教材，按照制定的教学标准构建教材内容，采用最新主流版本软件，从搭建基本开发环境入手学习基本语法，穿插若干实例引导学生进行程序设计，实例选取具有趣味性，充分考虑学生定位，避免介绍复杂的算法，编程思路采用流程图呈现，易读易懂，以激发学生学习编程语言的热情。

3. 充分吸收借鉴工学一体化教学改革的理念和成果

在核心模块教材中，如数据库类、项目开发类、测试类、前后端和移动应用开发类等教材，参照《计算机程序设计专业国家技能人才培养工学一体化课程标准》和《计算机程序设计专业国家技能人才培养工学一体化课程设置方案》，有一个或多个项目对接课标中的参考性学习任务，体现完整的企业工作流程，能满足学校开展工学一体化教学的需求。

教学服务

为方便教师教学和学生学习，配套开发了制作素材、电子课件、教案示例等教学资源，可通过技工教育网（https://jg.class.com.cn）下载使用。除此之外，在部分教材中还借助二维码技术，针对教材中的重点、难点内容，开发制作了演示微视频，可使用移动设备扫描书中二维码在线观看。

致谢

本次教材编写工作得到了河北、辽宁、江苏、浙江、山东、湖北、湖南、广东等省人力资源社会保障厅及有关院校的大力支持，保证了教材的编写质量和配套资源的顺利开发，在此我们表示诚挚的谢意。

编者

2025 年 2 月

目 录

第一章　Java 概述

时至今日，计算机在现代社会中的应用已经十分广泛，涉及科学研究、教育培训、自动控制、人工智能等领域，在未来，随着计算机技术的不断发展，其应用领域也将更加广泛和深入。计算机的功能主要通过软件来实现，而软件的功能主要通过运用计算机语言编写程序来实现。

计算机语言的种类非常多，总体来说可以分为机器语言、汇编语言、高级语言 3 大类。机器语言是由二进制的 0 和 1 组成的编码，不便于记忆和识别。汇编语言采用了英文缩写的标识符，相较于机器语言，更容易识别和记忆。高级语言接近于人类的自然语言，进一步简化了程序编写的过程，而 Java 语言就属于高级语言。

第一节　初识 Java 语言

一、Java 语言的发展

1. Java 语言的由来

Java 语言（简称 Java）最初是由美国 Sun Microsystems（简称 Sun）公司的詹姆斯·高斯林（James Gosling）及其团队开发的，后来经过改造，在 1995 年 5 月正式发布。Java 的标识看起来像一杯正冒着热气的咖啡，如图 1-1-1 所示。

图 1-1-1　Java 的标识

提示

Java 的中文名叫“爪哇”，印度尼西亚的一个岛叫作爪哇岛，而爪哇岛以盛产咖啡出名，据说是当时 Java 语言创始团队的一名成员在喝咖啡的时候，突然有了灵感，就提交了“Java”这个名字，而 Java 的标识就像一杯热气腾腾的咖啡。

2. Java 的发展历程

从 20 世纪 90 年代初期至今，Java 的主要发展历程如图 1-1-2 所示。

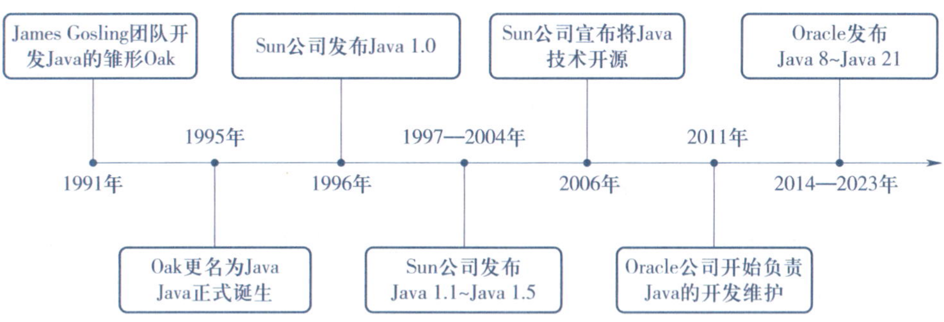

图 1-1-2　Java 的主要发展历程

二、Java 的主要特点

Java 的主要特点见表 1-1-1。

表 1-1-1　Java 的主要特点

主要特点	说明
简单易用	Java 是一种相对简单的编程语言，例如，它摒弃了一些较难理解的概念，使用引用代替指针，通过提供最基本的方法完成指定的任务
面向对象	面向对象是 Java 的核心特点之一，它将一切事物都抽象为对象。通过面向对象的方式进行程序设计并实现，更有利于人们理解和分析复杂程序，并且重用已有的代码
安全可靠	Java 安全可靠，例如，由于 Java 没有指针，所以外界不能通过伪造指针指向存储器
跨平台性	采用 Java 编写的程序具有很好的可移植性，可以在多种操作系统上运行，只要“一次编写，就可到处运行”，具有较强的跨平台性
支持多线程	Java 支持多个线程同时执行，并提供多线程之间的同步机制，从而显著提高程序的执行效率
支持分布式	Java 支持 Internet 应用的开发，Java 的远程方法调用（remote method invocation，RMI）机制是开发分布式应用的重要手段

三、Java 的应用

Java 由于其跨平台性、支持多线程、支持分布式等特点，被广泛应用于各类应用软件开发或数据处理。Java 的主要应用见表 1-1-2。

表 1-1-2 Java 的主要应用

主要应用	说明
企业应用开发	Java 是企业应用开发的首选语言之一，被广泛应用于电子商务、金融、物流、医疗等领域
移动应用开发	Java 在移动应用平台上被广泛应用，是移动应用开发的主要语言之一
Web 应用开发	Java 在 Web 应用开发中被广泛应用，如 Struts（斯特鲁茨）、Hibernate（希伯纳特）等框架都是用 Java 开发的
桌面应用开发	Java 可以用于开发跨平台的桌面应用程序，如 NetBeans、Eclipse 等开发工具就是用 Java 开发的
大数据处理	Java 在大数据处理框架中被广泛应用，是大数据处理的主要语言之一
游戏开发	Java 在游戏开发中被广泛应用，如游戏《我的世界》就是用 Java 开发的

四、Java 的技术平台

针对不同的应用开发需求，Sun 公司将 Java 划分为 Java 标准版（Java platform standard edition，Java SE）、Java 企业版（Java platform enterprise edition，Java EE）和 Java 小型版（Java platform micro edition，Java ME）3 种技术平台。

1. Java SE

Java SE 定位于个人计算机应用，用来开发客户端 / 服务器（client/server，C/S）架构软件。它允许开发和部署在桌面、服务器、嵌入式环境和实时环境中使用的 Java 应用程序。Java SE 包含了支持 Java Web 服务开发的类，并为 Java EE 提供基础。

2. Java EE

Java EE 定位于服务器端应用。Java EE 帮助开发和部署可移植、健壮、可伸缩且安全的服务器端 Java 应用程序。Java EE 是在 Java SE 的基础上构建的，它提供 Web 服务、组件模型、管理和通信应用程序接口（application programming interface，API），可以用来实现企业级面向服务的体系结构（service-oriented architecture，SOA）和 Web 2.0 应用程序。它具有一些更加便捷的应用框架，现在是大数据技术的主要支持。

3. Java ME

Java ME 之前的版本叫作 J2ME。Java ME 为运行在移动设备和嵌入式设备上的应用程序提供可靠而灵活的环境。Java ME 包含了灵活的用户界面、健壮的安全模型、许多内置的网络协议，提供丰富的支持，可动态下载联网和离线应用。根据 Java ME 规范编写的应用程序只需要编写一次就可用于很多设备，还能充分利用每个设备的原始功能。

Java EE、Java SE、Java ME 三者之间的关系如图 1-1-3 所示。

图 1-1-3　Java EE、Java SE、Java ME 三者之间的关系

想一想：

作为初学者，学习 Java 应选择以上哪种技术平台比较合适？

第二节 搭建 Java 开发环境

一、Java 常用集成开发环境

Java 集成开发环境（Java integrated development environment，Java IDE）非常多，有开源免费的，也有商用收费的。选择一款符合项目开发需要的集成开发环境，能够使开发工作事半功倍。

1. Eclipse

Eclipse 是一个开源的、用于 Java 程序开发的集成开发环境。Eclipse 最初由 IBM 公司开发，现在由非营利软件供应商联盟 Eclipse 基金会管理。Eclipse 的官网图标如图 1-2-1 所示。

2. MyEclipse

MyEclipse 由 Genuitec 公司发布，提供免费和付费两个版本。MyEclipse 是 Eclipse IDE（集成开发环境）的一个扩展，在数据库和 Java EE 开发、分发和应用服务器集成方面可以极大提高工作效率。MyEclipse 的官网图标如图 1-2-2 所示。

图 1-2-1　Eclipse 的官网图标

图 1-2-2　MyEclipse 的官网图标

3. NetBeans

NetBeans 是 Sun 公司在 2000 年创立的开放源代码集成开发环境，于 2009 年被 Oracle 公司收购。NetBeans 当前可以在 Solaris、Windows、Linux 和 Macintosh OS X（简写为 macOS）平台上进行开发。NetBeans 包括开源的开发环境和应用平台，NetBeans IDE 可以使开发人员快速创建 Web、企业、桌面以及移动应用程序。NetBeans 的官网图标如图 1-2-3 所示。

4. IntelliJ IDEA

IntelliJ IDEA 是 JetBrains 公司的产品，它提供了智能编码辅助和自动控制的工具组合，支持 J2EE、Ant（一种基于 Java 的构建工具）、JUnit（一种基于 Java 的单元测试框架）和版本控制系统（concurrent versions system，CVS）集成等。IntelliJ IDEA 的官网图标如图 1-2-4 所示。

图 1-2-3　NetBeans 的官网图标

图 1-2-4　IntelliJ IDEA 的官网图标

二、JDK 的下载及使用

在使用 Java 进行编程之前，需要先搭建一个 Java 开发环境。

1. JDK 简介

Java 开发者工具包（Java development kit，JDK）是 Java 开发环境的基础，是整个 Java 开发的核心，它包含了 Java 的运行环境、Java 工具和 Java 基础类库。通过部署 JDK，可以确保 Java 程序能够在不同的操作系统和硬件平台上运行，可以降低跨平台适配的成本。Eclipse、MyEclipse、IntelliJ IDEA（IDEA）等 Java 常用集成开发环境都是基于 JDK 构建的。

JDK 最初由 Sun 公司免费提供，后来由 Oracle 公司负责支持维护。它从发布至今已有 20 多年，主要分为长期支持（long term support，LTS）版和非长期支持版。LTS 版更加注重稳定性、安全性。在选择 JDK 版本时，建议选择 LTS 版，而不必选择最新版本，因为新版本 JDK 引入的新功能没有经过生产环境的充分验证。JDK 主要版本的发展历程如图 1–2–5 所示。

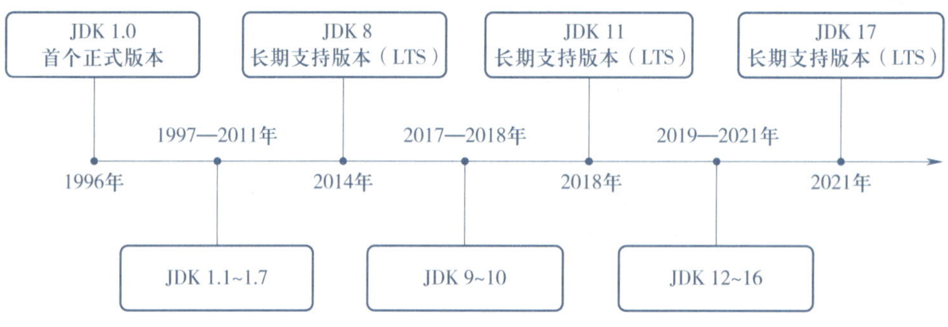

图 1-2-5　JDK 主要版本的发展历程

Oracle 公司在收购 Sun 公司后，对 Java 平台进行了商业化运作。2019 年 4 月，Oracle 公司宣布 JDK 开始商用收费，这一政策的转变使许多开发者和企业开始寻找免费的替代方案，JDK 开源替代方案逐渐出现。常见的 JDK 开源替代方案见表 1–2–1。

表 1-2-1　常见的 JDK 开源替代方案

替代方案	提供商	特点
AdoptOpenJDK	Adoptium	提供社区支持，稳定可靠
Amazon Corretto	Amazon	经过 Amazon 内部测试，免费使用

续表

替代方案	提供商	特点
Azul Zulu	Azul Systems	提供企业级支持，稳定性高
Red Hat openJDK	Red Hat	适合企业环境，免费使用
Liberica JDK	BellSoft	提供多平台支持，免费使用

2. 下载 JDK

（1）在浏览器中输入“https:// www.oracle.com/cn/”，打开 Oracle 公司中文网站首页，如图 1-2-6 所示，依次单击“资源”“下载”“Java 下载”选项。

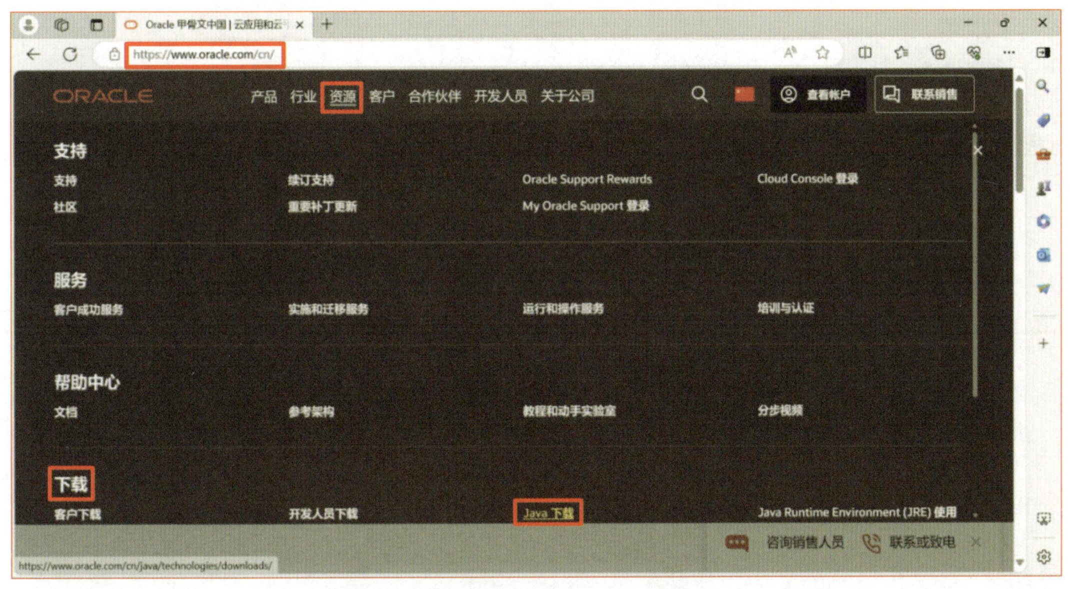

图 1-2-6　Oracle 公司中文网站首页

（2）此处选择下载 JDK 17，JDK 17 安装包下载网页如图 1-2-7 所示，依次单击“JDK 17”“Windows”选项，再单击下载链接即可进行下载。

3. 安装 JDK

（1）下载完成后，找到文件位置，然后使用鼠标右键单击（简称右击）“jdk-17_windows-x64_bin.exe”文件，并以管理员身份运行，在图 1-2-8 所示的“安装程序”对话框中，单击“下一步”按钮。

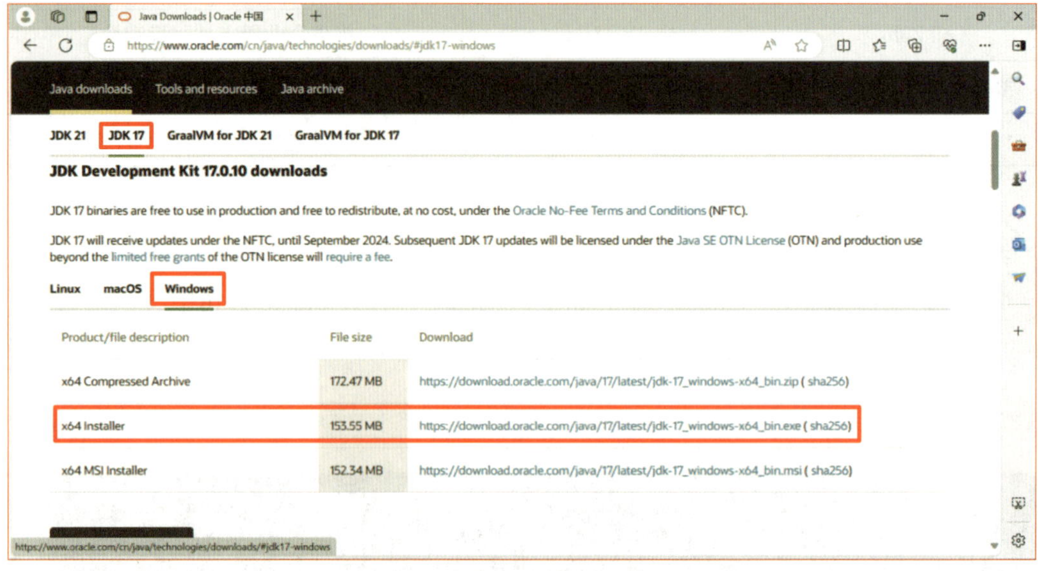

图 1-2-7　JDK 17 安装包下载网页

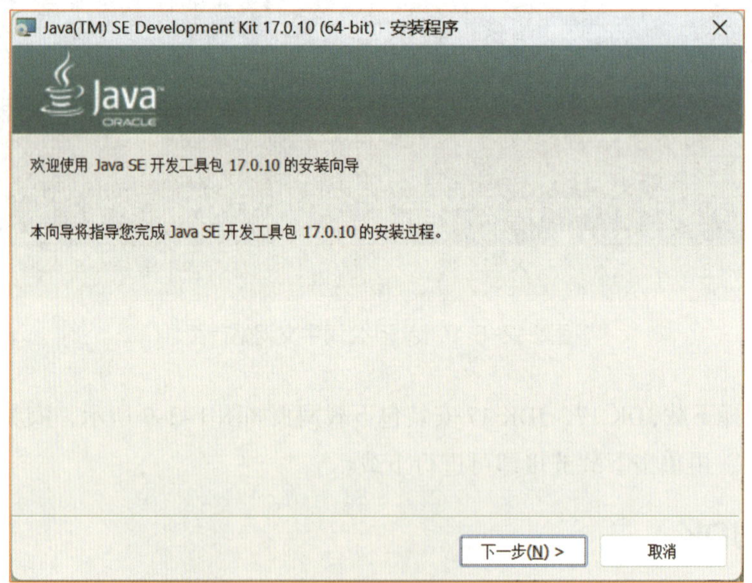

图 1-2-8　“安装程序”对话框

（2）根据需要更改安装位置，在图 1-2-9 所示的“目标文件夹”对话框中，单击“下一步”按钮，弹出“进度”对话框，如图 1-2-10 所示。

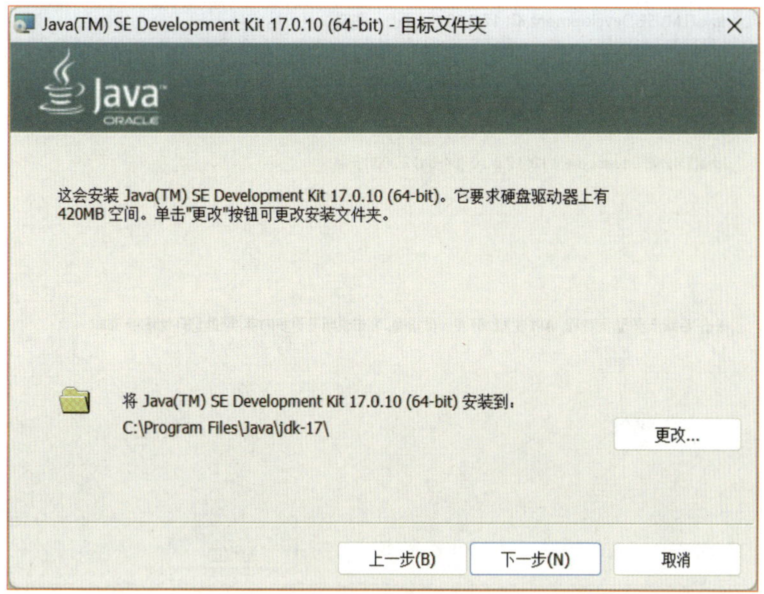

图 1-2-9 “目标文件夹”对话框

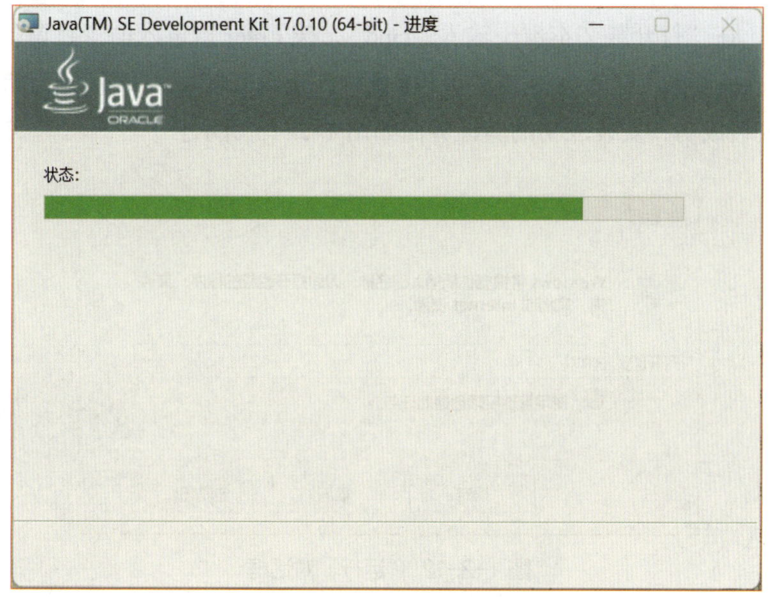

图 1-2-10 “进度”对话框

（3）程序安装完成后，将弹出图 1-2-11 所示的“完成”对话框，单击“关闭”按钮即可退出安装程序；单击“后续步骤”按钮，可以查看教程、开发人员指南等帮助文档。

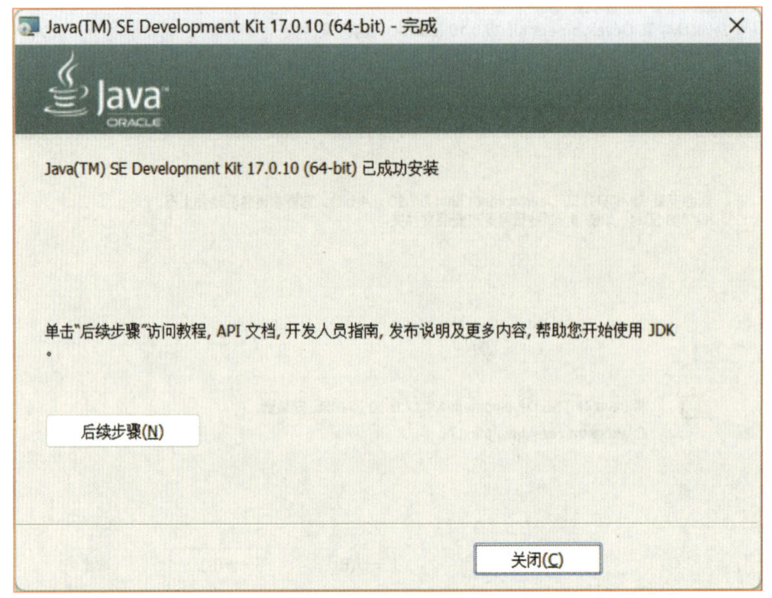

图 1-2-11 “完成”对话框

（4）安装完成后，需要验证安装是否成功，可使用 WIN+R 组合键打开图 1-2-12 所示的“运行”对话框，在“打开”文本框中输入“cmd”，按 Enter 键进入命令行窗口。在命令行窗口中输入“java -version”命令，并按 Enter 键执行，查看安装版本信息。若能查到安装版本信息，则证明安装成功，安装成功的验证界面如图 1-2-13 所示。

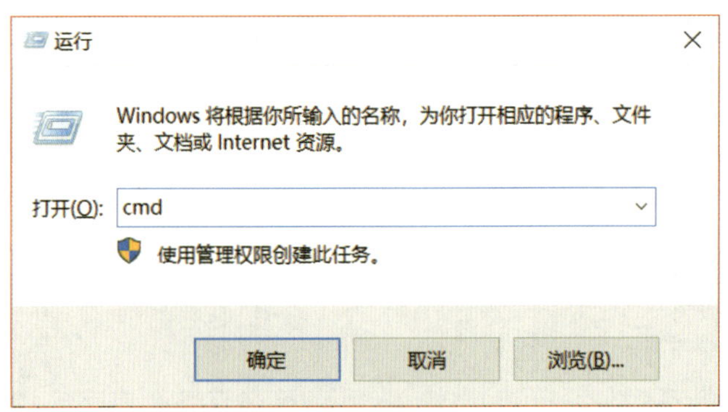

图 1-2-12 “运行”对话框

```
管理员: C:\Windows\system32\cmd.exe
Microsoft Windows [版本 10.0.19045.3803]
(c) Microsoft Corporation。保留所有权利。

C:\Users\Administrator>java -version
java version "17.0.10" 2024-01-16 LTS
Java(TM) SE Runtime Environment (build 17.0.10+11-LTS-240)
Java HotSpot(TM) 64-Bit Server VM (build 17.0.10+11-LTS-240, mixed mode, sharing)

C:\Users\Administrator>
```

图 1-2-13　安装成功的验证界面

4. 配置环境变量

为了让系统能自动识别到 JDK，需要配置 JDK 的环境变量。

（1）查看 Windows 系统属性中的环境变量

在桌面上，右击“此计算机”图标，在弹出的快捷菜单中，单击“属性”选项。在弹出的“设置”窗口中，选择“高级系统设置”选项，弹出“系统属性”对话框。在“系统属性”对话框的“高级”选项卡下，单击“环境变量”按钮，弹出“环境变量”对话框，如图 1–2–14 所示。

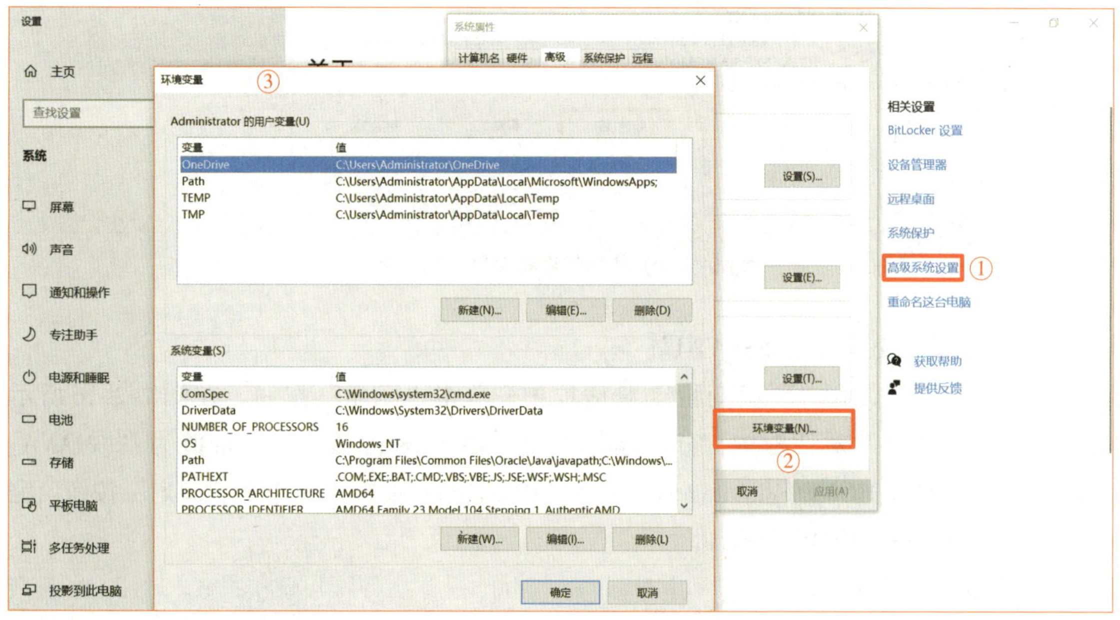

图 1-2-14　“环境变量”对话框

（2）添加系统变量“JAVA_HOME”

在“环境变量”对话框中，单击“新建”按钮，在图 1-2-15 所示的“新建系统变量”对话框中，分别输入变量名为“JAVA_HOME”，变量值为“C:\Program Files\Java\jdk-17”，单击“确定”按钮，完成系统变量“JAVA_HOME”的添加。

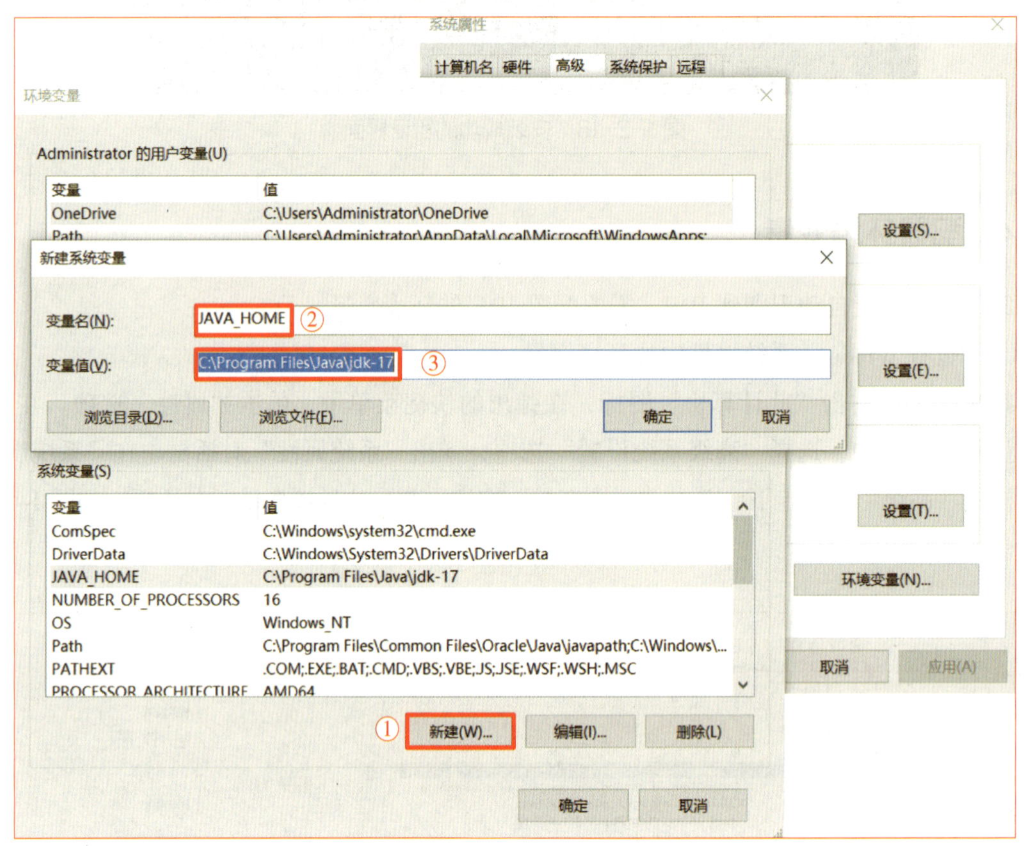

图 1-2-15 “新建系统变量”对话框

（3）添加系统变量“CLASSPATH”

采用同样方法，在“环境变量”对话框中，单击“新建”按钮，在图 1-2-16 所示的“新建系统变量”对话框中，分别输入变量名“CLASSPATH”，变量值为“.;%JAVA_HOME%\lib;%JAVA_HOME%\lib\dt.jar;%JAVA_HOME%\lib\tools.jar;”，单击“确定”按钮，完成系统变量“CLASSPATH”的添加。

（4）添加系统变量“Path”

在“环境变量”对话框中的“系统变量”列表中，使用鼠标左键双击（简称双击）系统变

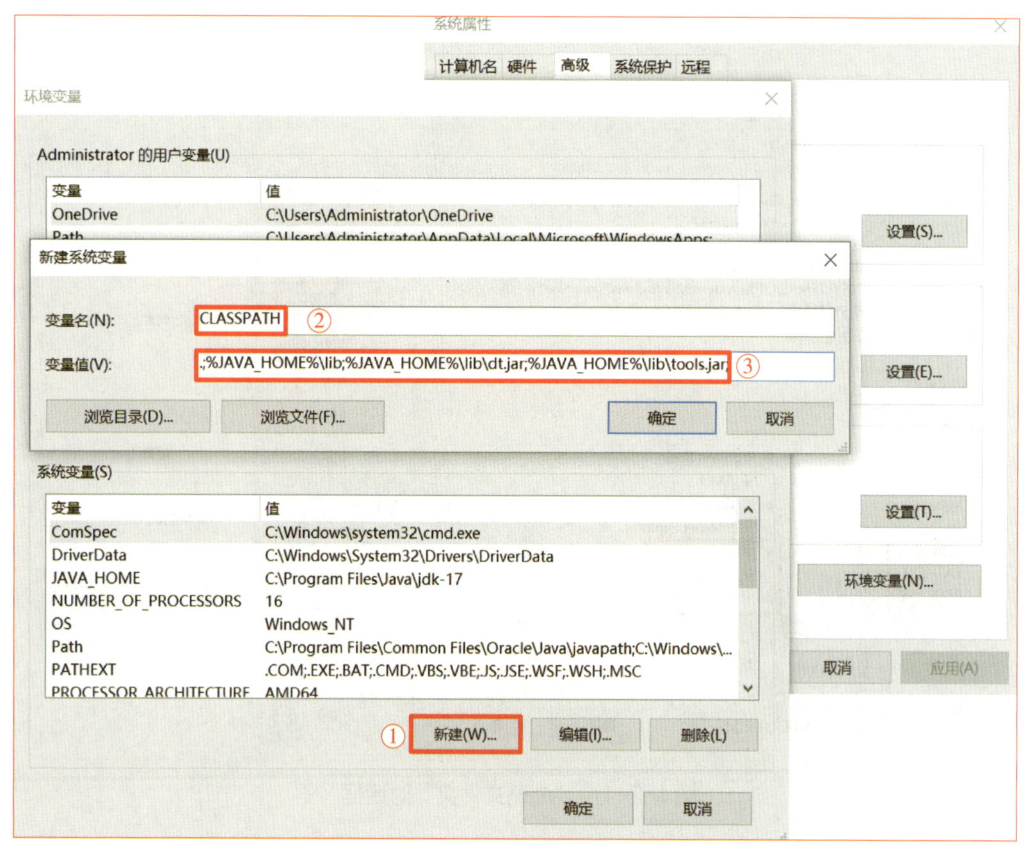

图 1-2-16 “新建系统变量”对话框

量“Path”，弹出“编辑环境变量”对话框，依次单击“新建”“浏览”按钮，在图 1-2-17 所示的“浏览文件夹”对话框中，找到 JDK 的安装位置，单击“bin”文件夹，再单击“确定”按钮，完成系统变量“Path”的添加。

5. 使用 JDK

（1）编写 Java 代码

在 E 盘根目录下，右击空白区域，在弹出的快捷菜单中，依次单击“新建”“文本文档”选项，如图 1-2-18 所示。

在新建的文本文档中编写以下示例代码并保存。

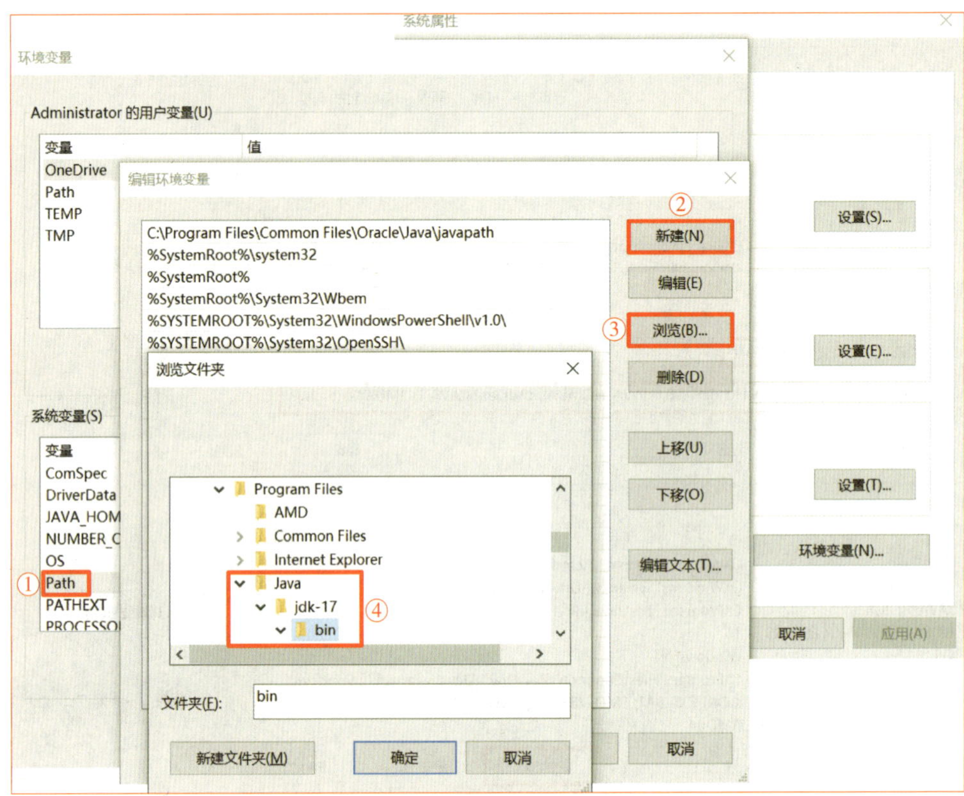

图 1-2-17 “浏览文件夹”对话框

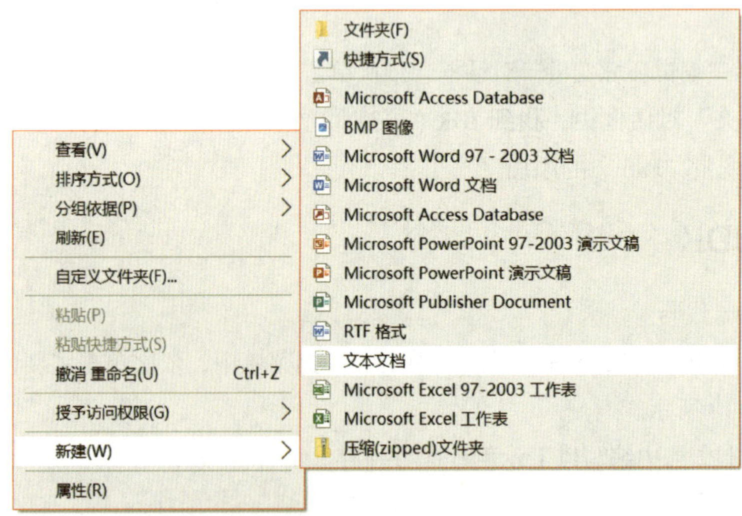

图 1-2-18 依次单击“新建”“文本文档”选项

示例代码：

```
public class HelloWorld{
    public static void main(String args[ ]){
        System.out.println("Hello World");
    }
}
```

修改文本文档的文件名为“HelloWorld.java”，在弹出的图 1-2-19 所示的“重命名”对话框中，单击“是”按钮。

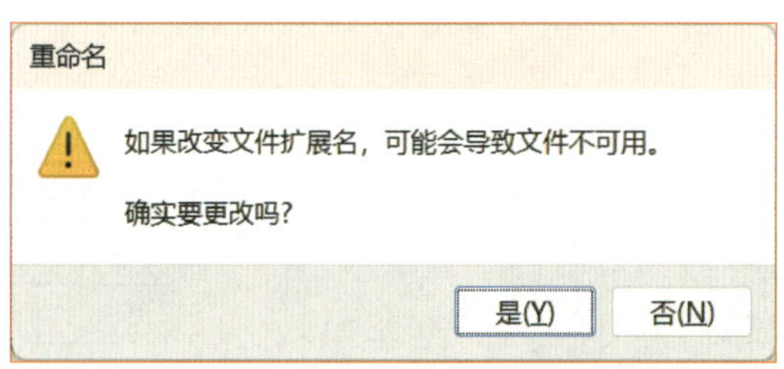

图 1-2-19　“重命名”对话框

（2）编译 Java 代码

使用 WIN+R 组合键打开“运行”对话框，输入“cmd”，按 Enter 键进入命令行窗口。在命令行窗口中输入“javac E:\HelloWorld.java”，若没有报错信息，则说明编译成功，Java 文件编译成功界面如图 1-2-20 所示。

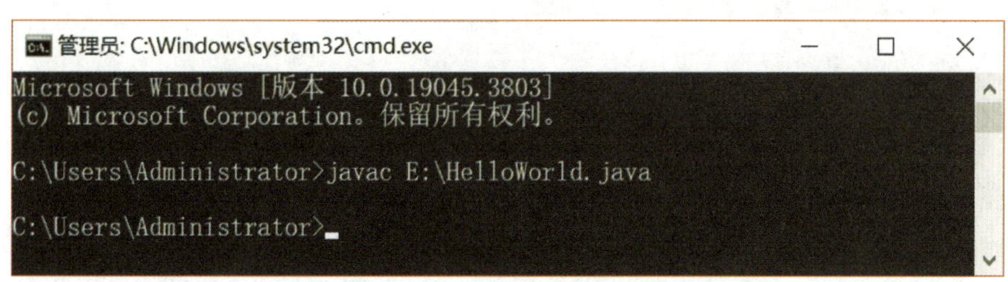

图 1-2-20　Java 文件编译成功界面

（3）运行 Java 代码

编译完成后，在命令行窗口中输入“java E:\HelloWorld.java”，若输出“Hello World”，则表示上述 Java 代码运行成功，如图 1-2-21 所示。

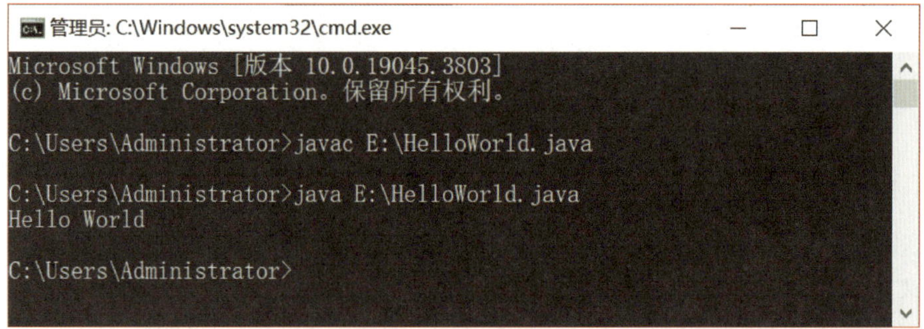

图 1-2-21　Java 代码运行成功界面

提示

Java 程序的实现必须经过编写、编译、运行 3 个步骤。首先，编写 Java 源程序；其次，对扩展名为“.java”的源文件进行编译，生成扩展名为“.class”的字节码文件；最后，Java 虚拟机对字节码文件进行解释执行，并将结果通过终端显示出来。Java 程序的实现机制示意图如图 1-2-22 所示。

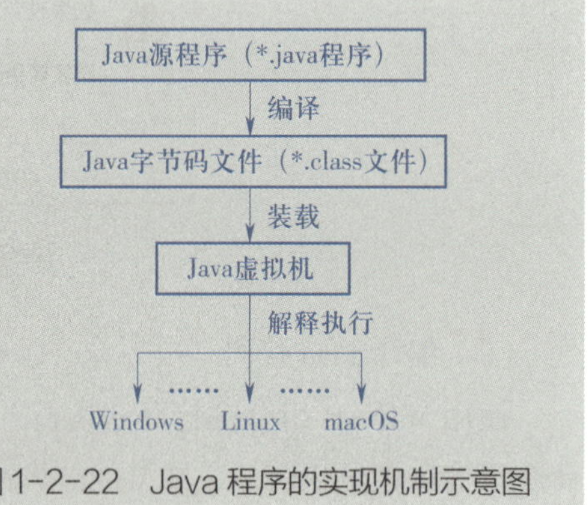

图 1-2-22　Java 程序的实现机制示意图

三、Eclipse 的下载与安装

1. Eclipse 安装包的下载与安装

（1）在浏览器地址栏中输入“https:// www.eclipse.org/downloads/”，进入 Eclipse 的官网下载页面，如图 1-2-23 所示。

（2）单击图 1-2-23 中的“Download Packages”链接，进入 Eclipse 版本选择页面，如图 1-2-24 所示，使用鼠标拖动网页右侧的下拉滚动条，找到“MORE DOWNLOADS”列表，其中有很多版本可以选择。

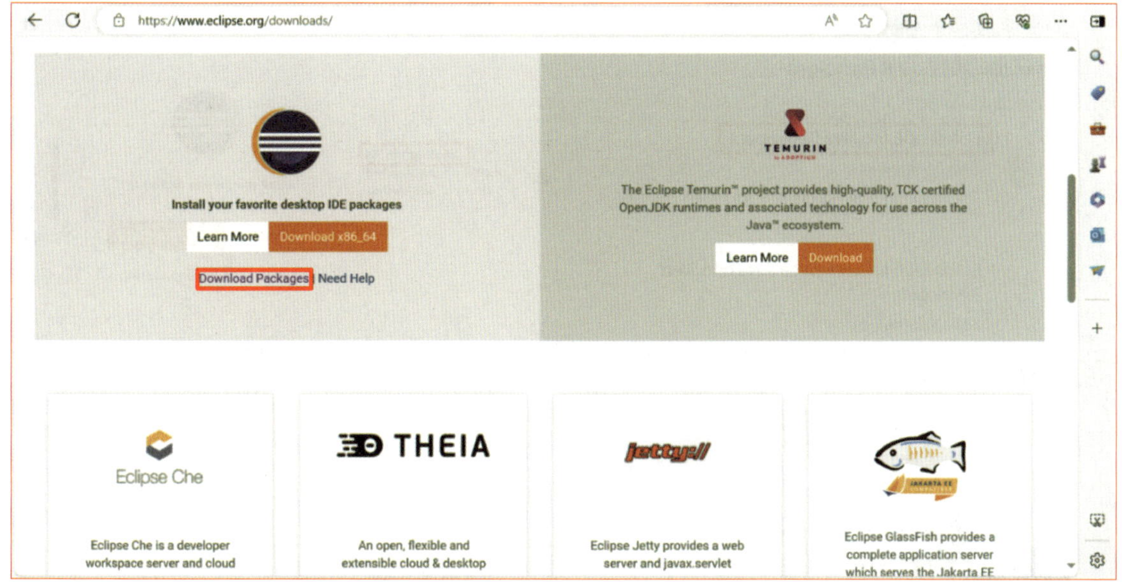

图 1-2-23 Eclipse 的官网下载页面

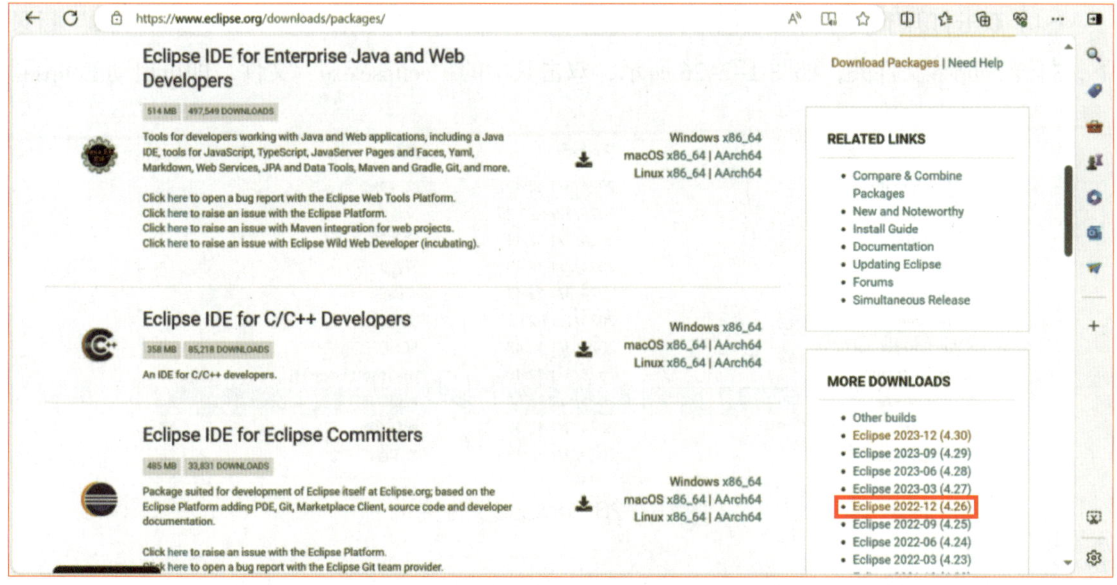

图 1-2-24 Eclipse 版本选择页面

（3）单击图 1-2-24 中的“Eclipse 2022-12(4.26)”选项，进入“Eclipse IDE 2022-12 R Packages”页面，如图 1-2-25 所示，选择“Eclipse IDE for Java Developers”选项，单击“Windows x86_64”按钮开始下载。

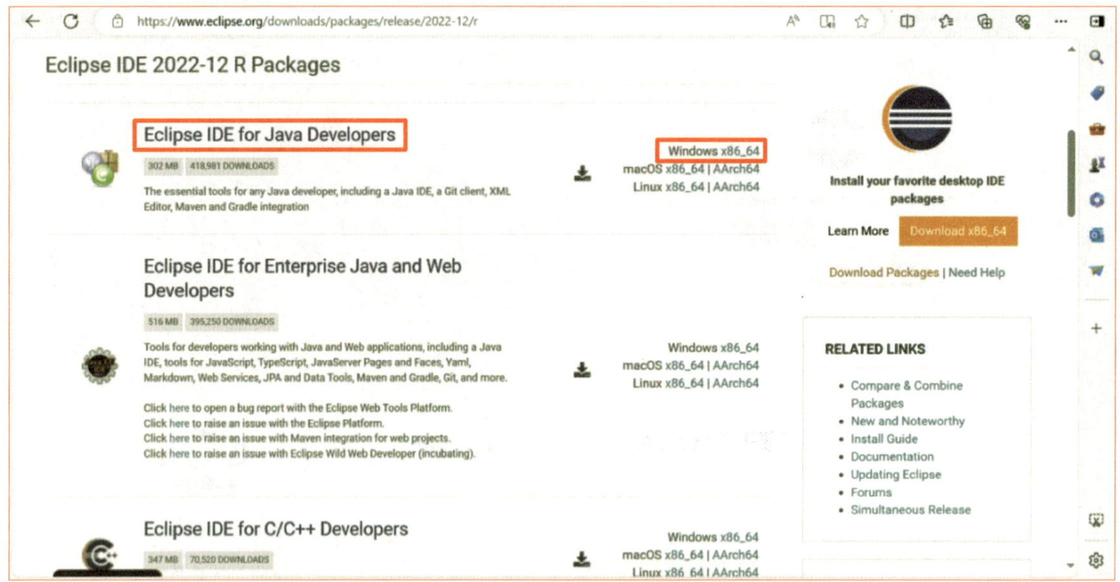

图 1-2-25 “Eclipse IDE 2022-12 R Packages”页面

（4）双击打开下载好的压缩包，将压缩包中的 eclipse 文件夹解压到“C:\Program Files”目录下，打开 eclipse 文件夹，如图 1-2-26 所示，双击其中的“eclipse.exe”文件，即可启动 Eclipse。

名称	修改日期	类型	大小
configuration	2024/3/1 12:49	文件夹	
dropins	2023/12/1 21:23	文件夹	
features	2024/3/1 12:49	文件夹	
p2	2024/3/1 12:48	文件夹	
plugins	2024/3/1 12:49	文件夹	
readme	2023/12/1 21:23	文件夹	
.eclipseproduct	2024/3/1 12:48	ECLIPSEPRODUCT ...	1 KB
artifacts.xml	2024/3/1 12:48	Microsoft Edge HT...	455 KB
eclipse.exe	2024/3/1 12:48	应用程序	521 KB
eclipse.ini	2024/3/1 12:48	配置设置	1 KB
eclipsec.exe	2024/3/1 12:48	应用程序	233 KB

图 1-2-26 eclipse 文件夹

由于是第一次启动，短暂等待后，Eclipse 会要求用户选择一个工作空间（workspace，使用 Eclipse 开发的所有工程文件的集合的一个空间）。工作空间默认安装在“C:\Users\Administrator\eclipse-workspace”目录下，也可以自行定义。Eclipse 工作空间设置对话框如图 1-2-27 所示。如果以后无须改变工作空间安装目录，则可以勾选“Use this as the default and do not ask again”复选框。

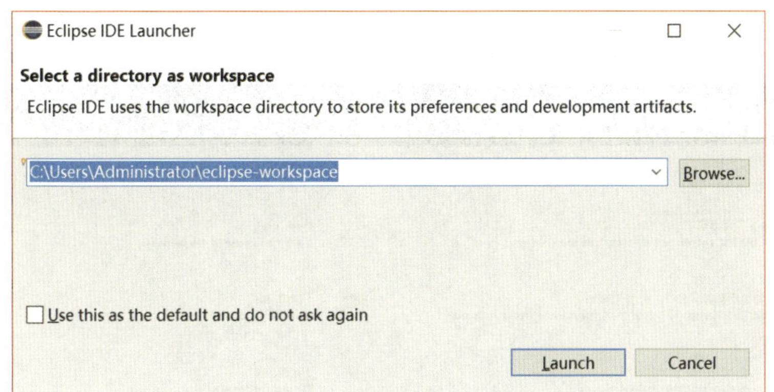

图 1-2-27　Eclipse 工作空间设置对话框

单击图 1-2-27 中的“Launch”按钮即可加载进入软件，Eclipse 加载界面如图 1-2-28 所示。

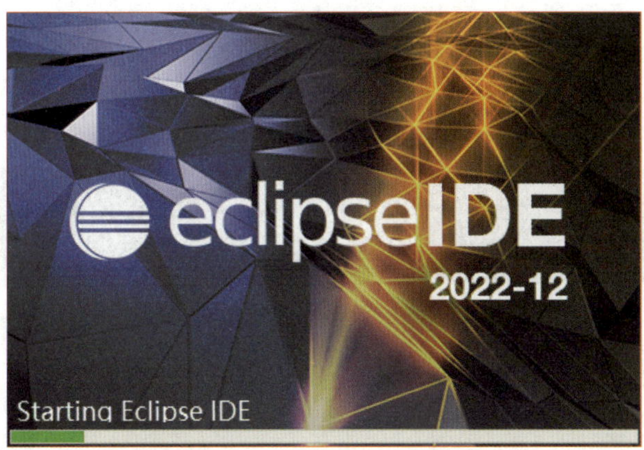

图 1-2-28　Eclipse 加载界面

Eclipse 加载完成后，由于是首次启动，会进入 Eclipse 软件首次启动界面，如图 1-2-29 所示。

2. Eclipse 汉化包的下载与安装

Eclipse 可以使用相应版本的汉化包进行汉化。

（1）在浏览器地址栏中输入“https:// eclipse.dev/babel/”，进入 Babel 加载页面，如图 1-2-30 所示，单击“Downloads”按钮。

（2）进入 Babel 语言包选择页面，如图 1-2-31 所示，单击“Babel Language Pack Zips”栏目下的“Latest Release”选项。

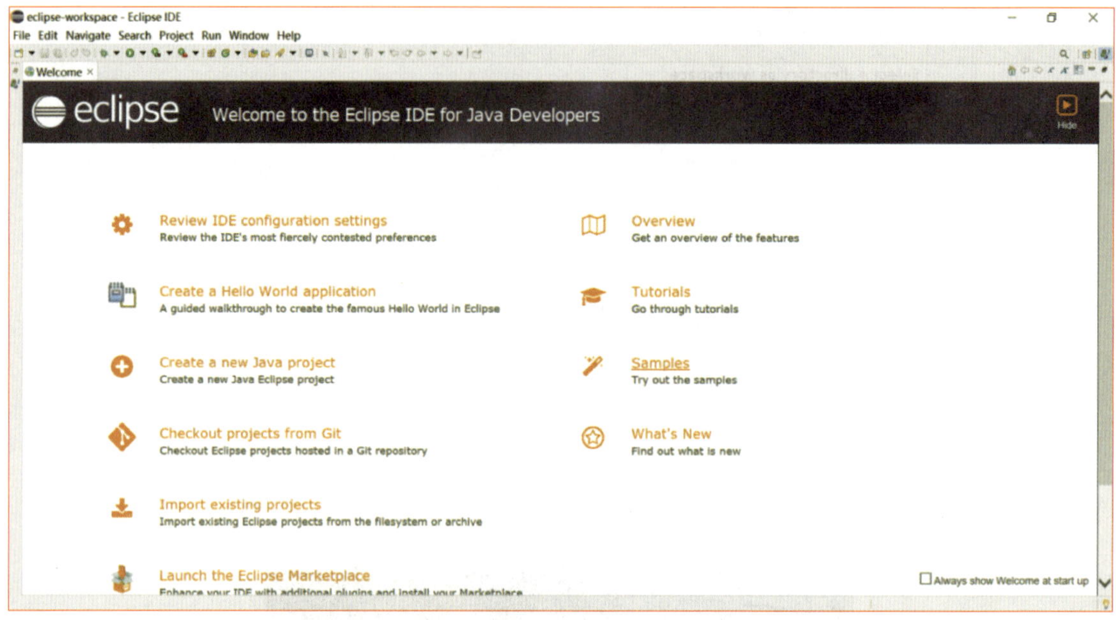

图 1-2-29　Eclipse 软件首次启动界面

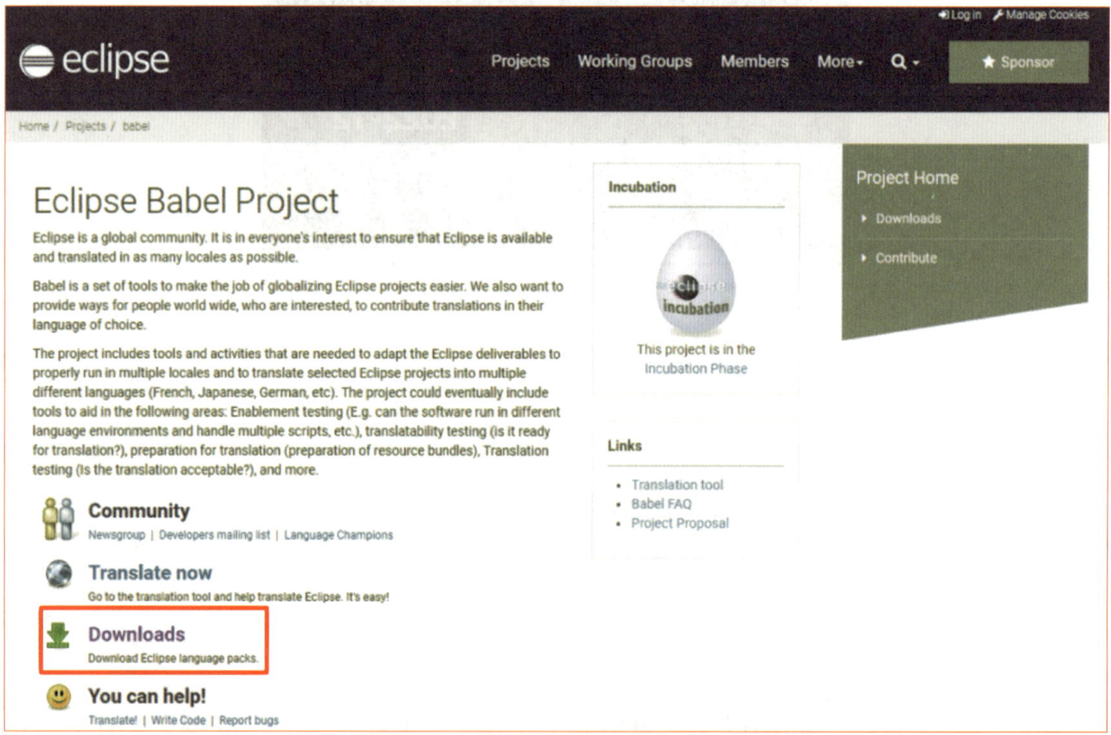

图 1-2-30　Babel 加载页面

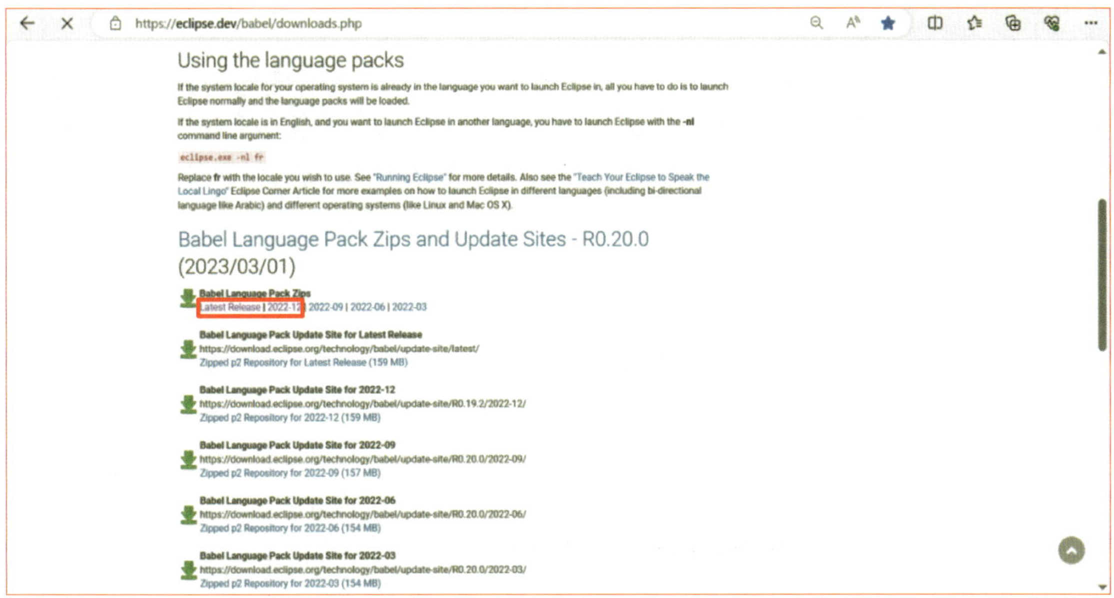

图 1-2-31 Babel 语言包选择页面

（3）进入 Babel 语言包下载页面，如图 1-2-32 所示，查找 “Language:Chinese(Simplified)”，单击下载链接即可下载安装包。

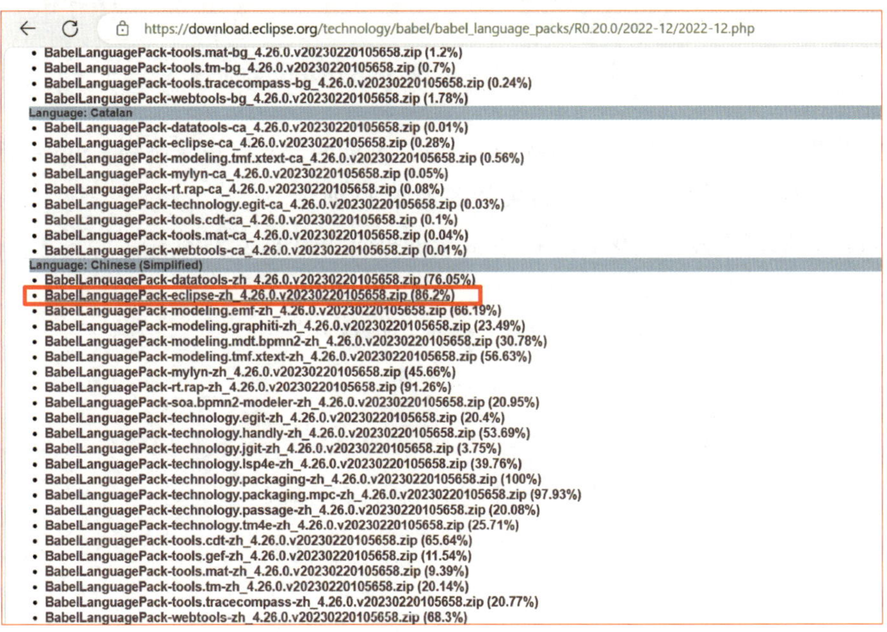

图 1-2-32 Babel 语言包下载页面

提示

由于默认的下载服务器在境外，下载速度很慢，可以在下载页面选择“>> Select Another Mirror”选项，通过国内镜像进行下载，Babel 下载镜像选择页面如图 1–2–33 所示。

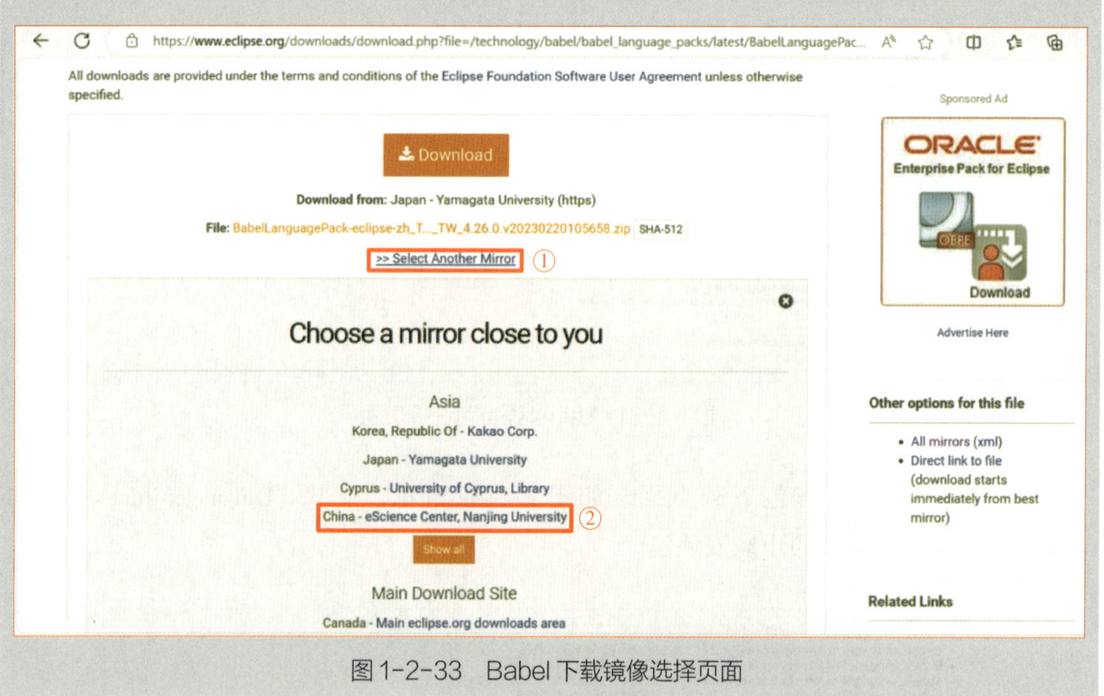

图 1-2-33　Babel 下载镜像选择页面

（4）将下载的压缩包解压，将“features”和“plugins”文件夹复制到 Eclipse 安装目录下的“dropins”文件夹中，“dropins”文件夹如图 1–2–34 所示。

重启 Eclipse 即可生效，汉化后的 Eclipse 软件界面如图 1–2–35 所示。

图 1-2-34　“dropins”文件夹

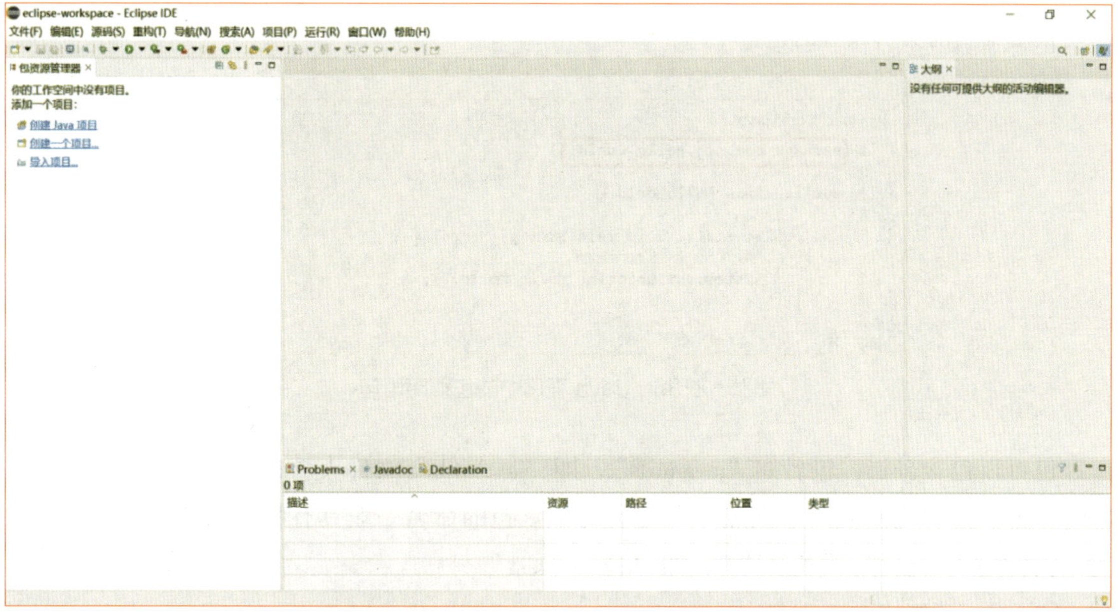

图 1-2-35 汉化后的 Eclipse 软件界面

实训案例 1 使用 Eclipse 编写一个简单程序

一、案例要求

使用 Eclipse 编写并实现一个简单的 Java 程序，在控制台输出“Hello World!”。

```
Hello World!
```

二、案例分析

1. Java 程序的结构

（1）包

Java 工程中的包相当于 Windows 系统中的文件夹，所有源程序放置在“src”文件夹下，可以借助包进行分类管理。Java 程序中的包声明语句如图 1-2-36 所示，第 1 行中使用 package 语句指定了当前类所放置的包。

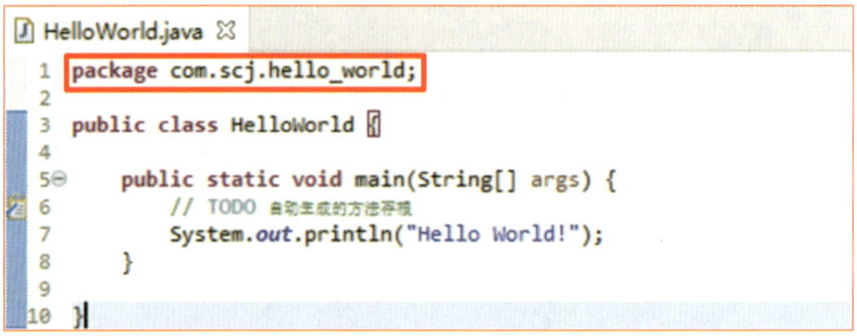

```
HelloWorld.java
1  package com.scj.hello_world;
2
3  public class HelloWorld {
4
5      public static void main(String[] args) {
6          // TODO 自动生成的方法存根
7          System.out.println("Hello World!");
8      }
9
10 }
```

图 1-2-36　Java 程序中的包声明语句

包可以包含多层，包名如“java.utils”，即“java\utils”文件夹。包的名称一般使用小写字母，各个层次之间使用小数点“.”进行分隔。包的命名一般具有特定的含义，其结构为“公司名称 . 项目名称 . 模块名称”，如“com.scj.test”。

（2）类

Java 程序的基本单位是类（class），一个程序可以由一个或多个类组成，每个类可以放置在指定的包（package）中。Java 程序中的类声明语句如图 1-2-37 所示。

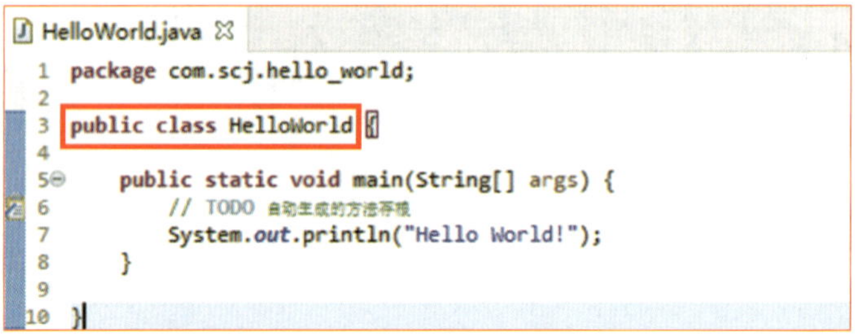

```
HelloWorld.java
1  package com.scj.hello_world;
2
3  public class HelloWorld {
4
5      public static void main(String[] args) {
6          // TODO 自动生成的方法存根
7          System.out.println("Hello World!");
8      }
9
10 }
```

图 1-2-37　Java 程序中的类声明语句

在图 1-2-37 中，第 3 行使用 class 关键字定义了一个名为 HelloWorld 的类。这一行被称为“类头”，主要是类的描述信息。前面是 public 修饰符，表示它是公用类（可供其他包或其他程序使用）。如果一个类使用 public 修饰，那么它必须保存在与类名相同的文件中，且扩展名应该为“.java”。图 1-2-37 所示项目中“HelloWorld”类的源程序文件名应为“HelloWorld.java”。图 1-2-37 所示代码的第 4 ～ 10 行，类头的后边使用一对花括号来表示类的主体部分，简称为“类体”。

（3）main( ) 方法

Java 程序的运行入口为 main( ) 方法，一个程序中至少要有一个类含有 main( ) 方法，Java 程序中的 main( ) 方法语句如图 1-2-38 所示。

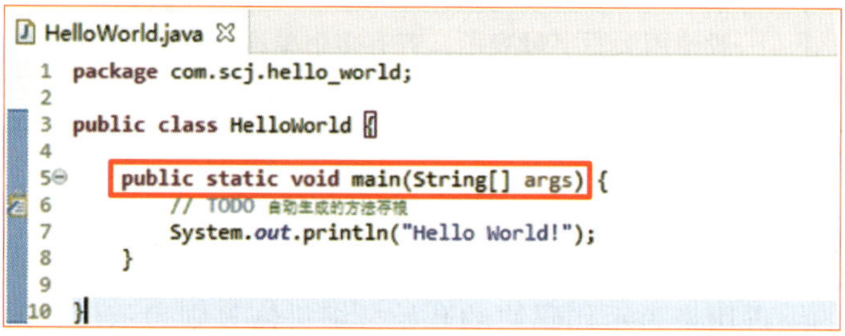

```
HelloWorld.java
1  package com.scj.hello_world;
2
3  public class HelloWorld {
4
5      public static void main(String[] args) {
6          // TODO 自动生成的方法存根
7          System.out.println("Hello World!");
8      }
9
10 }
```

图 1-2-38　Java 程序中的 main( ) 方法语句

程序运行时，会依次执行 main( ) 方法中的所有语句，执行完毕，程序终止。在一个程序中，可以有多个类都含有 main( ) 方法，但是运行程序前必须指定运行哪个类中的 main( ) 方法。

图 1-2-38 中的第 5 行，在类体中定义了一个 main( ) 方法。这一行被称为“方法头”，它给出了方法的描述信息，前面使用“public static void”3 个关键字修饰，后边使用一对圆括号给出参数的类型和名字。方法头后边使用一对花括号给出方法的主体部分，即第 6 ~ 8 行，称为“方法体”。

2. Java 代码编写规范

程序员在编写程序的过程中，如果严格遵守代码编写规范，则能有效规避不必要的错误。Java 代码编写规范主要有以下几个方面。

（1）命名

Java 代码中主要包括工程名、类名、变量（属性）名、方法名、方法的参数名、常量名，Java 代码中的命名规范见表 1-2-2。

表 1-2-2　Java 代码中的命名规范

名称	命名规范	举例
工程名	一般使用帕斯卡命名法，采用小写字母命名，若有多个单词则使用下画线分隔	hello_world
类名	采用大驼峰法，即类名中每个单词的首字母都大写	HelloWorld、System、String

续表

名称	命名规范	举例
变量（属性）名、方法名、方法的参数名	采用小驼峰法，即第一个单词全部小写，其后每个单词的首字母大写	countNumber、main、out、println
常量名	一般使用大写字母表示，若有多个单词则使用下画线分隔	PI、MAX_VALUE

（2）缩进

Java 通常通过缩进来体现代码的逻辑结构。在类定义、函数定义、选择结构和循环结构中，冒号及换行后的缩进用来表示代码块的开始，缩进恢复则表示代码块的结束。同一级别的代码块通过空格数来保持相同的缩进，Java 代码的缩进层次如图 1-2-39 所示。

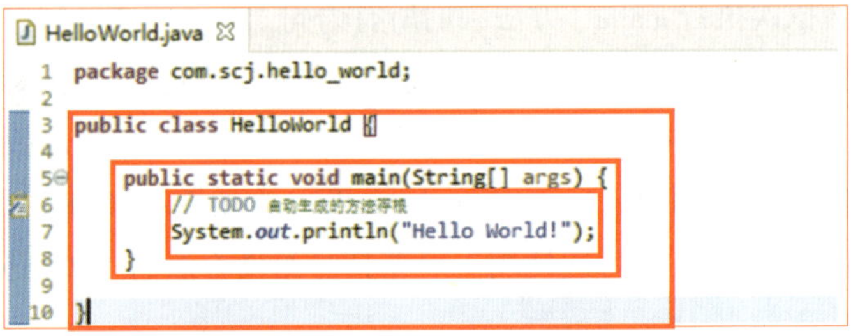

```
HelloWorld.java
1  package com.scj.hello_world;
2
3  public class HelloWorld {
4
5      public static void main(String[] args) {
6          // TODO 自动生成的方法存根
7          System.out.println("Hello World!");
8      }
9
10 }
```

图 1-2-39　Java 代码的缩进层次

提示

同一个代码块的语句必须包含相同的缩进空格数，缩进空格数决定了代码的作用域范围。在缩进时，建议每个缩进层次使用 2 个空格或 4 个空格，但不能混用。同时，以上代码要严格输入，不能随意输入，如大小写问题、全角半角问题、括号问题等，否则解释器执行时将报错。

（3）注释

注释是用英文、中文或其他自然语言表示的一行或多行说明性文字，用于解释代码的功能或标注相关信息。注释可以增加代码的可读性。

1）单行注释

在 Java 程序中，开头使用“// ”符号进行单行注释。例如，图 1-2-39 中的第 6 行，“// ”注释符号后的内容不会被执行。

2）多行注释

在 Java 程序中，使用“/* */”进行多行注释，注释内容放在“/*”和“*/”符号之间，注释内容同样不会被执行。例如，图 1–2–39 中的第 6 行还可以写成“/*TODO 自动生成的方法存根 */”。多行注释多用于注释内容较多的情况。

（4）标识符

Java 标识符是 Java 对包、类、接口、方法、变量、常量等可执行代码对象命名时所使用的字符序列。对 Java 标识符有以下几点要求。

1）标识符的命名以字母或下画线开头，只能由字母、数字、下画线组成。

2）标识符严格区分大小写，如 Teacher 和 teacher 是两个不同的标识符。

3）标识符的命名应有意义，要以“见名知意”为原则。

4）自定义的标识符名称不能使用系统关键字。

提示

标识符是否合法可以通过系统提供的字符串方法 isidentifier( ) 来判断。如果返回值是 true，则表示是合法标识符；如果返回值是 false，则表示是非法标识符。

（5）关键字

Java 关键字是事先定义的、有特别意义的标识符，有时又叫保留字。程序员利用关键字来告诉编译器其声明的变量类型、类、方法特性等信息，关键字不能用作变量名、方法名、类名、包名和参数名。

Java 关键字一律用小写字母表示，按其用途划分为几组，见表 1–2–3。

表 1–2–3 Java 关键字

序号	用途	关键字
1	用于数据类型	boolean、byte、char、double、float、int、long、new、short、void、instanceof
2	用于语句	break、case、catch、continue、default、do、else、for、if、return、switch、try、while、finally、throw、this、super
3	用于修饰	abstract、final、native、private、protected、public、static、synchronized、transient、volatile
4	用于方法、类、接口、包和异常	class、extends、implements、interface、package、import、throws
5	用于保留字	future、generic、operator、outer、rest、var、goto、const、null

三、案例实现

1. 新建 Java 项目

启动 Eclipse，在打开的 Eclipse 窗口中依次单击“文件”“新建”“Java 项目”选项，在弹出的“新建 Java 项目”对话框中，输入项目名，如图 1-2-40 所示，单击“完成”按钮。

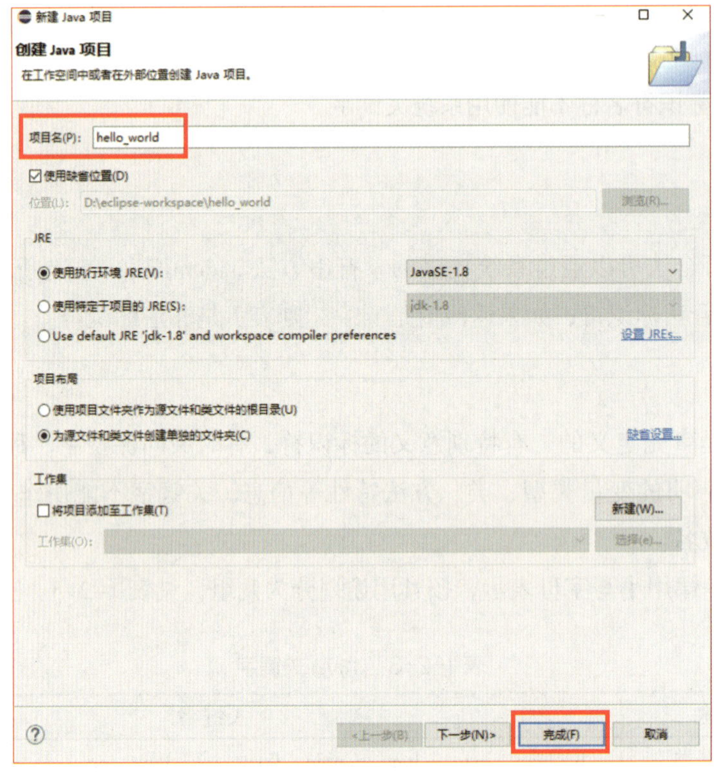

图 1-2-40 “新建 Java 项目”对话框

2. 创建包

依次单击“文件”“新建”“包”选项，或单击工具栏中的 按钮，在弹出的“新建 Java 包”对话框中，输入包名称“com.scj.hello_world”，如图 1-2-41 所示，单击“完成”按钮。

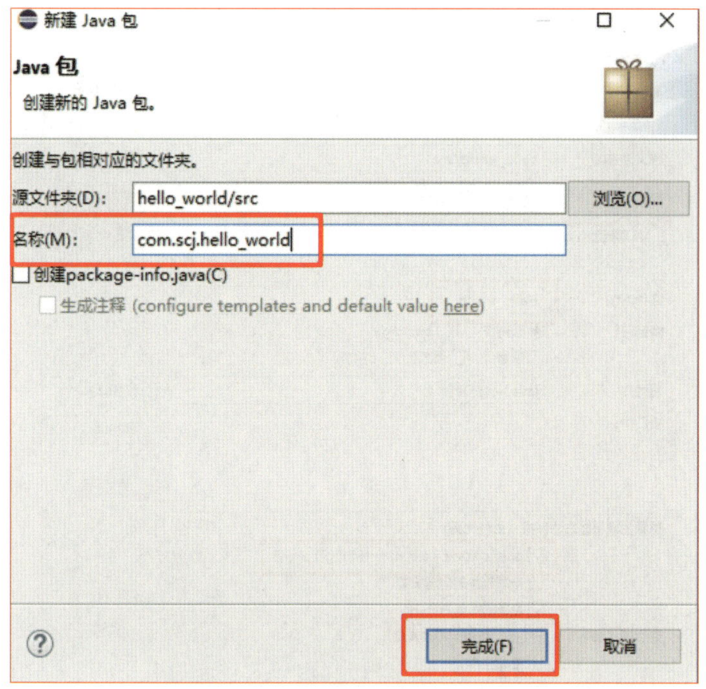

图 1-2-41　“新建 Java 包”对话框

3. 创建类

依次单击“文件”“新建”“类”选项，或单击工具栏中的 按钮，在弹出的“新建 Java 类”对话框中进行以下操作，如图 1-2-42 所示。

（1）选择新创建的类源代码文件存放的源文件夹（一般为默认）。

（2）确定源代码文件存放的包“com.scj.hello_world”（一般为默认）。

（3）输入新建类的名称“Hello_world”。

（4）勾选“public static void main(String[ ] args)”复选框。

（5）单击“完成”按钮，即完成了一个类的框架创建。

此时，可以在包资源浏览器中看到类的源文件“HelloWorld.java”，Eclipse 会在编辑器视图中自动打开该源程序，显示自动创建的 10 行代码，Java 源文件及代码如图 1-2-43 所示。

4. 完善类的功能

在编辑器视图中，在 main( ) 方法体中单击，插入光标，输入一行语句“System.out.println("Hello World!");”，“HelloWorld.java”源码如图 1-2-44 所示。

图 1-2-42 “新建 Java 类”对话框

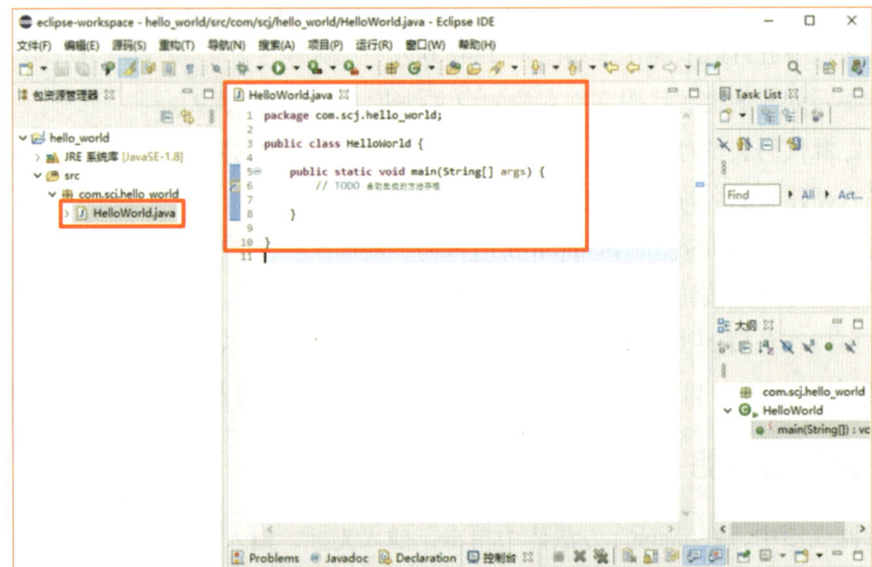

图 1-2-43 Java 源文件及代码

```java
package com.scj.hello_world;

public class HelloWorld {

    public static void main(String[] args) {
        // TODO 自动生成的方法存根
        System.out.println("Hello World!");
    }

}
```

图 1-2-44　“HelloWorld.java”源码

System.out.println( ) 方法在输出内容后，会立即输出一个换行符号，所以下一次输出的内容将会出现在新的一行中。每调用一次 System.out.println( ) 方法就会输出一个换行符号。

5. 运行程序，查看结果

单击 Eclipse 窗口中的“运行”按钮运行程序，程序运行结果如图 1-2-45 所示。

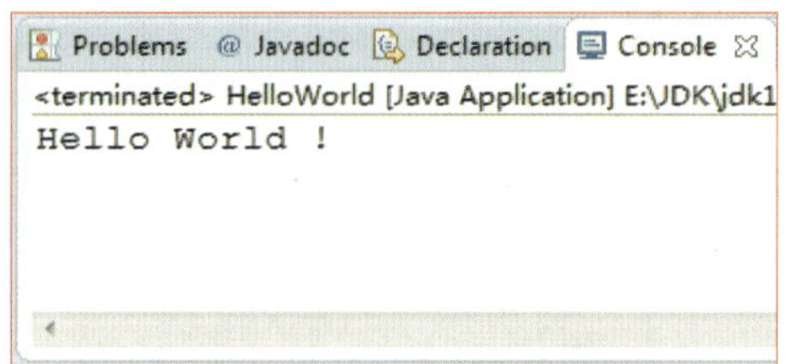

图 1-2-45　程序运行结果

第二章　Java 基础语法

任何语言都有语法，用来规定语言的运用规则，编程语言也不例外。Java 基础语法是使用 Java 编写程序的基本规则。本章重点介绍常量与变量、运算符与表达式、程序流程控制语句及数组的使用。

第一节　常量与变量

一、常量

1. 常量的概念

常量是在程序中固定不变的值。例如，数字“6”、字符“c”、浮点数“2.1”等都是常量。

2. 常量的类型

在 Java 程序中，常量类型根据其存储的数据类型不同，主要分为整型常量、浮点型常量、字符常量、字符串常量、布尔常量和 null 常量等。

（1）整型常量

整型常量是整数类型的数据，有二进制、八进制、十进制和十六进制四种表示形式。在 Java 程序中，使用特定的标识区分不同进制的整型变量，Java 程序中不同进制的标识及使用说明见表 2-1-1。

表 2-1-1　Java 程序中不同进制的标识及使用说明

进制	标识	使用说明
二进制	0b 或 0B	二进制必须以“0b”或“0B”开头，如“0b10101000”或“0B10101000”
八进制	0	八进制必须以“0”开头，如“076”

续表

进制	标识	使用说明
十进制	没有标识	整数以十进制表示时，第 1 位不能是 0，如“129”
十六进制	0x 或 0X	十六进制必须以“0x”或“0X”开头，如“0xFA”或“0XFA”

（2）浮点型常量

浮点型常量是带小数的数据。浮点数分为单精度浮点数（float）和双精度浮点数（double）两种类型。其中，单精度浮点数后面以 F 或 f 结尾，而双精度浮点数以 D 或 d 结尾。没有后缀 F/f 的浮点数值默认为 double 类型，也可以在浮点数值后添加后缀 D 或 d，以明确其为 double 类型。Java 浮点型常量的两种表示形式见表 2–1–2。

表 2-1-2 Java 浮点型常量的两种表示形式

形式	标识	使用举例
十进制数形式	没有标识	如 3.14 314.0 0.314
科学记数法形式	e 或 E	如 314e2 314E2 314E–2

（3）字符常量

字符常量是单个字符。一个字符常量要用一对英文半角格式的单引号（''）引起来。字符常量可以是英文字母、数字、标点符号以及由转义序列表示的特殊字符。Java 常用的转义字符见表 2–1–3。

表 2-1-3 Java 常用的转义字符

写法	对应的 Unicode 码	含义
'\n'	'\u000a'	回车换行
'\t'	'\u009'	制表符
'\b'	'\u008'	退格
'\r'	'\u000d'	回车
'\f'	'\u000c'	换页
'\\'	'\u005c'	输出反斜杠字符 \
'\’'	'\u0027'	输出单引号字符’
'\”'	'\u0022'	输出双引号字符”

（4）字符串常量

字符串常量是一串连续的字符。一个字符串常量要用一对英文半角格式的双引号（" "）引起来，例如，"123""abc""hello""Welcome \n Java developer" 等。

（5）布尔常量

布尔常量是用于区分事物的真与假的值，有 true 和 false 两个值。

（6）null 常量

null 常量只有一个值 null，表示对象的引用为空。

3. 常量的使用

常量可以理解为一种特殊的变量，它的值被设定后，在程序运行过程中不允许被改变，常量名一般使用大写字符。常量的声明方法见表 2–1–4。

表 2-1-4　常量的声明方法

语法	举例
final 数据类型 常量名 = 值 ;	final double PI=3.14 ;

二、变量

1. 变量的概念

变量是指内存中的某个存储区域，用来在程序中存储可以在同一类型范围内不断变化的数据。变量是程序中最基本的存储单元，由变量的数据类型、变量名和存储的值组成。

2. 变量的类型

在 Java 程序中，变量的类型根据其所存储的数据的类型不同，主要分为整型变量、浮点型变量、字符型变量和布尔型变量等。

（1）整型变量

在 Java 程序中，整型变量用来存储整数数值。为了给不同大小范围内的整数合理地分配存储空间，Java 整型变量分为四种不同的类型，分别是字节型（byte）、短整型（short）、整型（int）和长整型（long）。不同类型 Java 整型变量的特点见表 2–1–5。

表 2-1-5　不同类型 Java 整型变量的特点

类型	占用空间	取值范围
字节型（byte）	8 位（1 字节）	-2^{7} ~ $2^{7}-1$
短整型（short）	16 位（2 字节）	-2^{15} ~ $2^{15}-1$
整型（int）	32 位（4 字节）	-2^{31} ~ $2^{31}-1$
长整型（long）	64 位（8 字节）	-2^{63} ~ $2^{63}-1$

（2）浮点型变量

在 Java 程序中，浮点型变量用于存储小数数值。浮点型变量主要有 double 和 float 两种类型，double 类型所表示的浮点数比 float 类型更精确。不同类型 Java 浮点型变量的特点见表 2-1-6。

表 2-1-6　不同类型 Java 浮点型变量的特点

类型	占用空间	取值范围
float	32 位（4 字节）	负值取值范围为：-3.4028235E+38 ~ -1.401298E-45 正值取值范围为：1.401298E-45 ~ 3.4028235E+38
double	64 位（8 字节）	负值取值范围为： -1.79769313486231570E+308 ~ -4.94065645841246544E-324 正值取值范围为： 4.94065645841246544E-324 ~ 1.79769313486231570E+308

（3）字符型变量

在 Java 程序中，字符型变量用 char 表示，用于存储一个单一字符。Java 程序中每个 char 类型的字符型变量都会占用 2 字节。在给 char 类型的变量赋值时，需要用一对英文半角格式的单引号（''）把字符引起来，如 'a'。

（4）布尔型变量

在 Java 程序中，布尔型变量只能存储 true 和 false 两个值。

3. 变量的使用

在 Java 程序中，变量需要先声明后使用，可以在声明变量的同时进行赋值，也可以先声明后赋值，每次只能赋一个值，但可以在程序中多次修改。变量的声明方法见表 2-1-7。

表 2-1-7　变量的声明方法

语法	举例	说明
数据类型 变量名 = 值；	double a=3.1;	在声明变量的同时进行赋值
数据类型 变量名； 变量名 = 值；	double a; a=3.1;	先声明后赋值，每次只能赋一个值

数据类型 变量名 1，变量名 2;
变量名 1= 值 1;
变量名 2= 值 2;
	int a,b;
	a=1;
	b=2;
		先同时声明多个类型相同的变量，后赋值

数据类型 变量名 1= 值 1，变量名 2= 值 2;	int a=1,b=2;	同时声明多个类型相同的变量并赋值

4. 变量的作用域

变量的作用域是指变量的作用范围，即变量被声明的某一对大括号所包含的代码区域。例如，在程序的不同位置声明两个变量 i 和 s，i 和 s 的作用域如图 2-1-1 所示。

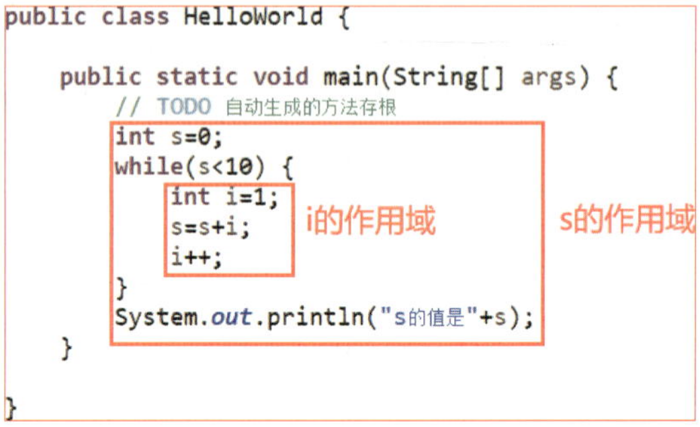

```
public class HelloWorld {

    public static void main(String[] args) {
        // TODO 自动生成的方法存根
        int s=0;
        while(s<10) {
            int i=1;
            s=s+i;
            i++;
        }
        System.out.println("s的值是"+s);
    }

}
```

i的作用域　s的作用域

图 2-1-1　i 和 s 的作用域

三、变量的类型转换

1. 自动类型转换

自动类型转换也称隐式类型转换，是指两种数据类型在转换的过程中不需要显式地进行声明，由编译器自动完成。自动类型转换必须同时满足两个条件，一是两种数据类型彼此兼容，二是目标类型的取值范围大于源类型的取值范围。自动类型转换说明见表 2–1–8。

表 2-1-8　自动类型转换说明

序号	自动类型转换	说明
1	整型之间	byte 类型的数据可以赋值给 short、int、long 类型的变量；short、char 类型的数据可以赋值给 int、long 类型的变量；int 类型的数据可以赋值给 long 类型的变量
2	整型转换为 float 型	byte、char、short、int 类型的数据可以赋值给 float 类型的变量
3	其他类型转换为 double 型	byte、char、short、int、long、float 类型的数据可以赋值给 double 类型的变量

2. 强制类型转换

强制类型转换也称显式类型转换，是指两种数据类型之间的转换需要显式地声明。当两种类型彼此不兼容或目标类型取值范围小于源类型的取值范围时，自动类型转换无法进行，这时就需要进行强制类型转换。强制类型转换说明见表 2–1–9。

表 2-1-9　强制类型转换说明

格式	目标类型　变量 =(目标类型) 值；
举例	byte b=(byte) num;
说明	将变量 num 赋值给变量 b 时，进行强制类型转换

提示

在对变量进行强制类型转换时，如果将取值范围较大的数据类型强制转换为取值范围较小的数据类型，如将一个 int 类型的数据转换为 byte 类型的数据，极容易造成数据精度的丢失。

第二节 运算符与表达式

一、运算符

在 Java 程序中，用来做运算的特殊符号称为运算符，如“+”（加）、“–”（减）、“*”（乘）、“/”（除）、“=”（赋值）等。根据运算类型的不同，运算符可分为算术运算符、赋值运算符、比较运算符和逻辑运算符等。

1. 算术运算符

算术运算符是用来处理加减乘除四则运算的符号，分为单目运算符和双目运算符两种。顾名思义，单目运算符只对一个操作数进行相对应的运算，而双目运算符需要对两个操作数进行运算。单目运算符包括“++”（自增）、“––”（自减）、“~”（取反），双目运算符包括“+”（加）、“–”（减）、“*”（乘）、“/”（除）、“%”（取余）。算术运算符的常见用法见表 2–2–1。

表 2–2–1　算术运算符的常见用法

运算	运算符	范例	结果	运算规则
加	+	1+2	3	等同于数学中的加法
减	–	4–3	1	等同于数学中的减法
乘	*	5*6	30	等同于数学中的乘法
除	/	7/7	1	当除数和被除数都为整数时，得到的结果也是一个整数；如果有小数参与，那么得到的结果也是小数
取余（取模）	%	–9%8	–1	运算结果是两个整数整除之后所得到的余数，结果的正负取决于被余数（% 左边的数）的符号，与余数（% 右边的数）的符号无关
自增	++	a=10;b=++a; c=10;d=c++;	a=11 b=11 d=10 c=11	前缀形式：自增、自减运算符放在操作数的前面。先将变量的值增加 1，然后返回增加后的值

续表

运算	运算符	范例	结果	运算规则
自减	--	a=11;b=--a; c=11;d=c--;	a=10 b=10 d=11 c=10	后缀形式：自增、自减运算符放在操作数的后面。先返回变量的当前值，然后将变量的值增加 1

2. 赋值运算符

赋值运算符的符号是“=”，它的作用是将赋值运算符右边的数据或表达式的值赋给赋值运算符左边的变量。在赋值运算符“=”之前加上其他运算符，则构成复合赋值运算符。注意：赋值运算符左边必须是变量。赋值运算符的常见用法见表 2-2-2。

表 2-2-2　赋值运算符的常见用法

运算	运算符	范例	结果	运算规则
赋值	=	a=1;	a=1	将 = 右侧的数值赋给左侧的变量
加等于	+=	a=2;a+=3;	a=5	a+=3 就相当于 a=a+3，先进行加法运算 a+3，再将运算结果赋值给变量 a
减等于	-=	a=3;a-=2;	a=1	a-=2 就相当于 a=a-2，先进行减法运算 a-2，再将运算结果赋值给变量 a
乘等于	*=	a=4;a*=5;	a=20	a*=5 就相当于 a=a*5，先进行乘法运算 a*5，再将运算结果赋值给变量 a
除等于	/=	a=5;a/=5;	a=1	a/=5 就相当于 a=a/5，先进行除法运算 a/5，再将运算结果赋值给变量 a
余等于	%=	a=6;a%=5;	a=1	a%=5 就相当于 a=a%5，先进行取余运算 a%5，再将运算结果赋值给变量 a

3. 比较运算符

比较运算符是用来对两个数值或变量进行比较的符号，比较运算又叫关系运算，其结果是一个布尔值，即 true 或 false。比较运算符的常见用法见表 2-2-3。

表 2-2-3　比较运算符的常见用法

运算	运算符	范例	结果
等于	==	1==2;	false
不等于	!=	1!=2;	true
小于	<	1<2;	true
大于	>	1>2;	false
小于或等于	<=	1<=2;	true
大于或等于	>=	1>=2;	false

注意，比较运算符“==”与赋值运算符“=”的形式和作用是不同的。

4. 逻辑运算符

逻辑运算符是用来对布尔型数据进行操作的符号，逻辑运算的结果也是布尔值，即 true 或 false。逻辑运算符的常见用法见表 2-2-4。

表 2-2-4　逻辑运算符的常见用法

<table>
<tr><th>运算</th><th>运算符</th><th>范例</th><th>结果</th><th>运算规则</th></tr>
<tr><td rowspan="4">与</td><td rowspan="4">&</td><td>true & true</td><td>true</td><td rowspan="4">当且仅当运算符两边的操作数都为 true 时，其结果才为 true，否则结果为 false，并且无论左边为 true 或 false，右边的表达式都会进行运算</td></tr>
<tr><td>true & false</td><td>false</td></tr>
<tr><td>false & true</td><td>false</td></tr>
<tr><td>false & false</td><td>false</td></tr>
<tr><td rowspan="4">短路与</td><td rowspan="4">&&</td><td>3 > 2 && 1 != 0</td><td>true</td><td rowspan="4">当且仅当运算符两边的操作数都为 true 时，其结果才为 true，否则结果为 false，并且当左边为 false 时，右边的表达式就不再进行运算</td></tr>
<tr><td>3 > 2 && 1 != 1</td><td>false</td></tr>
<tr><td>3 > 4 && 1 != 0</td><td>false</td></tr>
<tr><td>3 > 4 && 1 != 1</td><td>false</td></tr>
<tr><td rowspan="4">或</td><td rowspan="4">|</td><td>3 > 2 | 1 != 0</td><td>true</td><td rowspan="4">当且仅当运算符两边的操作数都为 false 时，其结果才为 false，否则结果为 true，并且无论左边为 true 或 false，右边的表达式都会进行运算</td></tr>
<tr><td>3 > 2 | 1 != 1</td><td>true</td></tr>
<tr><td>3 > 4 | 1 != 0</td><td>true</td></tr>
<tr><td>3 > 4 | 1 != 1</td><td>false</td></tr>
<tr><td rowspan="4">短路或</td><td rowspan="4">||</td><td>3 > 2 || 1 != 0</td><td>true</td><td rowspan="4">当且仅当运算符两边的操作数都为 false 时，其结果才为 false，否则结果为 true，并且当左边为 true 时，右边的表达式就不再进行运算</td></tr>
<tr><td>3 > 2 || 1 != 1</td><td>true</td></tr>
<tr><td>3 > 4 || 1 != 0</td><td>true</td></tr>
<tr><td>3 > 4 || 1 != 1</td><td>false</td></tr>
</table>

续表

运算	运算符	范例	结果	运算规则
异或	^	3 > 2 ^ 1 != 0	false	当运算符两边的操作数不同时，其结果才为 true，否则结果为 false
		3 > 2 ^ 1 != 1	true	
		3 > 4 ^ 1 != 0	true	
		3 > 4 ^ 1 != 1	false	
非	!	!(3>4)	true	运算符右边的操作数为 false 时，结果为 true，否则结果为 false
		!(4>3)	false	

5. 条件运算符

条件运算符由“?”与“:”两个符号组成，必须一起使用，是 Java 程序中唯一的三目（三元）运算符，需要 3 个操作数才能进行运算。条件运算符的常见用法见表 2-2-5。

表 2-2-5　条件运算符的常见用法

语法格式	布尔表达式 ? 表达式 1: 表达式 2
运算规则	先判断布尔表达式的结果是 true 还是 false，如果是 true，则选择表达式 1 的结果作为整个表达式的结果；否则选择表达式 2 的结果作为整个表达式的结果
举例	max=a>b?a:b 如果 a>b 为真，则将 a 赋值给 max，否则将 b 赋值给 max

6. 位运算符

计算机中的信息都是以二进制的形式存在的，位运算符是对操作数的二进制数的每一位进行操作的符号。位运算的操作数和结果都是整型量。位运算符的常见用法见表 2-2-6。

表 2-2-6　位运算符的常见用法

运算	运算符	范例	结果	运算规则
与运算	&	10&3 （1010&0011）	2 （0010）	当且仅当运算符两边的操作数对应的二进制位都为 1 时，其结果才为 1，否则结果为 0
或运算	|	10|3 （1010|0011）	11 （1011）	当且仅当运算符两边的操作数对应的二进制位都为 0 时，其结果才为 0，否则结果为 1

续表

运算	运算符	范例	结果	运算规则
异或运算	^	10^3 （1010^0011）	9 （1001）	当运算符两边的操作数对应的二进制位不同时，其结果才为 1，否则结果为 0
反码	~	~ 6 ~（0110）	9 （1001）	对运算符右边的操作数求反码，即将它的二进制数所有的 0 变为 1，所有的 1 变为 0
左移	<<	3<<2 （0011 左移 2 位）	12 （1100）	对运算符左边的操作数的二进制数左移右边的操作数位，右边补 0
右移	>>	3>>1 （0011 右移 1 位）	1 （0001）	对运算符左边的操作数的二进制数右移右边的操作数位，左边补符号位（正数符号位 0 或负数符号位 1）
无符号右移	>>>	3>>>1 （0011 右移 1 位）	1 （0001）	对运算符左边的操作数的二进制数右移右边的操作数位，左边补 0

提示

计算机中的原码、反码、补码的形式和转换规则如下。

（1）正数的原码、反码、补码相同。

（2）负数的反码是原码除符号位外按位取反。

（3）负数的补码是反码 +1。

（4）在计算机中，数值一律用补码来表示存储。

（5）负数的补码转换成原码是补码 –1，除符号位外按位取反。

7. 括号运算符

括号运算符“()”主要用来处理表达式的优先级。与数学运算相似，括号内的先运算，即括号运算符“()”优先级高。括号运算符的常见用法见表 2–2–7。

表 2-2-7　括号运算符的常见用法

举例	说明
a*(b+c)	先计算 b、c 的和，再与 a 相乘

注意，括号运算符“()”是英文半角状态下的符号，而非中文状态下的符号“（ ）”。

8. 运算符的优先级

运算符的优先级是指在表达式中运算符参与运算的先后顺序。常用运算符的优先级见表 2-2-8，运算符前面的数字越小，优先级越高。

表 2-2-8　常用运算符的优先级

优先级	运算符	结合性
1	. [] ()	从左向右
2	! +（正） -（负） ~ ++ --	从右向左
3	* / %	从左向右
4	+（加） -（减）	从左向右
5	<< >> >>>	从左向右
6	< > <= >=	从左向右
7	== !=	从左向右
8	&	从左向右
9	^	从左向右
10	|	从左向右
11	&&	从左向右
12	||	从左向右
13	?:	从右向左
14	= *= /= %= += -= <<= >>= >>>= &= ^= |=	从右向左

二、表达式

表达式是用运算符把操作数连接起来表达某种运算或含义的式子。表达式的主要组成如图 2-2-1 所示。

表达式通常用于简单的计算或描述一个操作条件，系统在处理表达式之后会返回一个值，该值的类型称为表达式的类型。

Java 程序中含有多种运算符，因此，表达式的类型也很丰富。根据运算符类型的不同，Java 表达式的类型主要分为算术表达式、赋值表达式、关系表达式、逻辑表达式和条件表达式等。

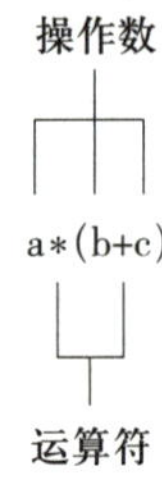

图 2-2-1　表达式的主要组成

1. 算术表达式

使用算术运算符连接的表达式是算术表达式。例如，在 Java 程序中，计算两个变量的和，示例代码如下。

```
示例代码：
int a = 5;
int b = 2;
// 算术表达式，将 a 和 b 的值相加，并将结果赋给变量 c
int c = a + b;
```

2. 赋值表达式

使用赋值运算符连接的表达式是赋值表达式。例如，在 Java 程序中，变量自增 2，示例代码如下。

```
示例代码：
int x = 5;
// 赋值表达式，将 x 的值加 2，并将结果赋给变量 x
x = x + 2;
```

注意，在赋值表达式中，如果运算符两边的数据类型不一致，左边的数据类型高于右边的数据类型，则系统会自动进行自动（隐式）类型转换，也可以人为进行强制（显式）类型转换。但是如果右边的数据类型高于左边的数据类型，则必须人为地进行强制（显式）类型转换，否则系统将会报错。

3. 关系表达式

使用比较运算符连接的表达式是关系表达式，关系表达式的运算结果为布尔值，即 true

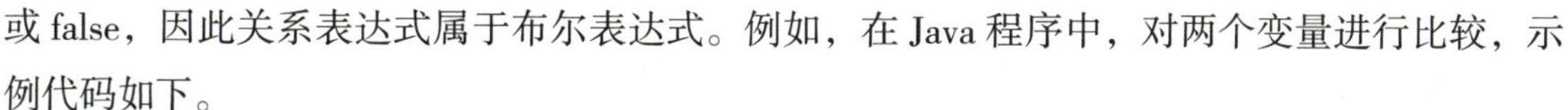

或 false，因此关系表达式属于布尔表达式。例如，在 Java 程序中，对两个变量进行比较，示例代码如下。

示例代码：

```
int x = 3;
int y = 5;
// 关系表达式“x < y”使用小于运算符比较 x 和 y 的值，并将结果赋给变量 result
boolean result = x < y;
```

4. 逻辑表达式

使用逻辑运算符连接的表达式是逻辑表达式，逻辑表达式的运算结果为布尔值，即 true 或 false，因此逻辑表达式属于布尔表达式。例如，在 Java 程序中，判断两个关系表达式是否同时成立，示例代码如下。

示例代码：

```
int a = 2;
int b = 3;
// 逻辑表达式，用于检查 a 是否小于 b，以及 b 是否小于 4，并将结果赋给变量 result
boolean result = (a < b) && (b < 4);
```

5. 条件表达式

使用条件运算符连接的表达式是条件表达式。例如，在 Java 程序中，根据两个变量的大小情况进行对应的赋值，示例代码如下。

示例代码：

```
int a = 5;
int b = 6;
// 条件表达式，用于检查 a 是否小于 b。如果小于则将 2 赋给变量 c；否则将 3 赋给变量 c
int c = (a < b) ? 2 : 3;
```

第三节 程序流程控制语句

一、程序流程控制

1. 基本概念

程序流程控制用来控制程序运行中各语句的执行顺序。Java 的流程控制一般是按照程序源代码的顺序自上而下按序执行的，不过有时也会根据需要来改变程序执行的顺序，此时就是通过流程控制语句或指令来告诉计算机应该优先以哪一种顺序来执行程序。

2. 基本流程控制结构

Java 程序设计语言中的基本流程控制结构有 3 种，分别是顺序结构、选择结构和循环结构。

（1）顺序结构

顺序结构是程序中最简单、最基本的流程控制结构，程序从上到下依次执行，常用的顺序结构如图 2-3-1 所示。

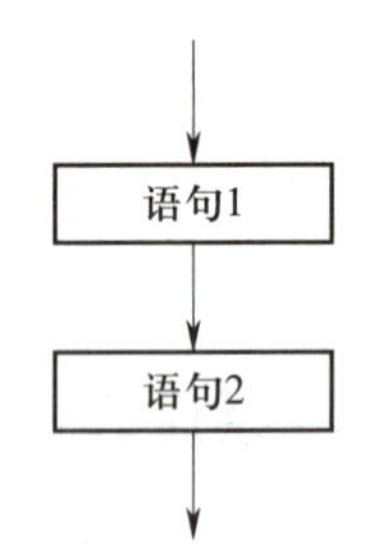

图 2-3-1　常用的顺序结构

（2）选择结构

选择结构又称分支结构，是一种在两种及以上的执行路径中选择一条来执行的控制结构。通常分支结构要先做一个判断，然后根据判断的结果决定选择哪一条执行路径。常用的选择结构如图 2-3-2 所示。

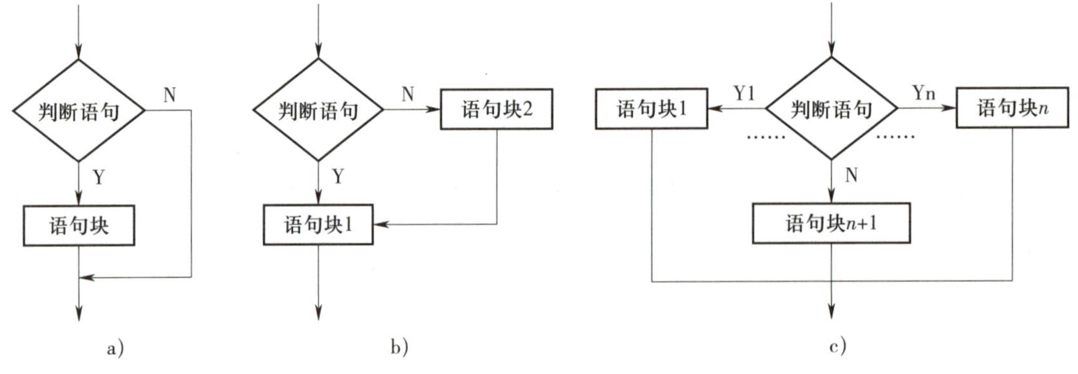

图 2-3-2　常用的选择结构

a）单路选择　b）双路选择　c）多路选择

（3）循环结构

循环结构又称重复结构，是指在一定条件下反复执行某段程序的控制结构。判断能否进行循环的判断语句称为循环条件，被反复执行的语句块称为循环体。先判断循环条件，再执行循环体的循环通常称为当型循环；先执行循环体，再判断循环条件的循环通常称为直到型循环。常用的循环结构如图 2–3–3 所示。

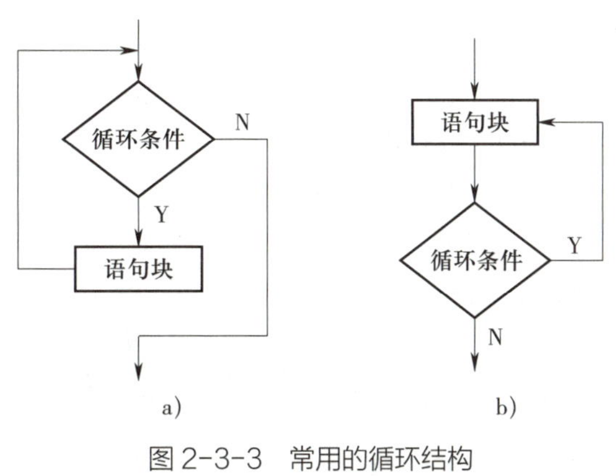

图 2-3-3 常用的循环结构

a）当型循环 b）直到型循环

二、选择控制语句

1. if 语句

（1）简单 if 语句

简单 if 语句是指如果满足某种条件，就进行某种处理，属于单路选择语句。简单 if 语句的语法格式及流程如图 2–3–4 所示。

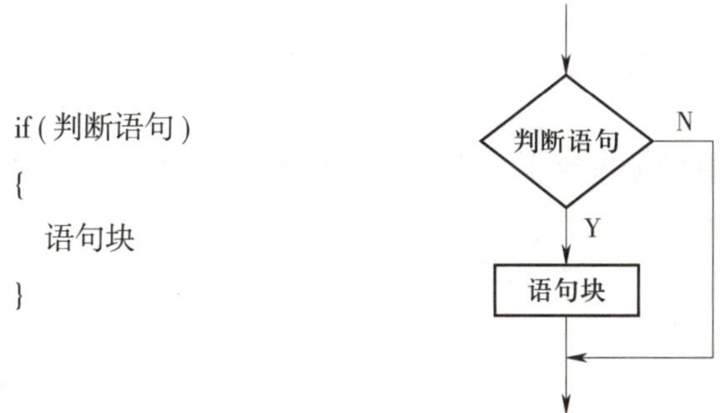

图 2-3-4 简单 if 语句的语法格式及流程

例如，根据成绩判断是否通过考试，如果成绩大于或等于 60 分，就能通过考试，示例代码及运行结果如下。

示例代码：

```
public class Test {
    public static void main(String args[ ]){
        int score=80;
        if(score>=60) {
            System.out.println(" 通过考试 ");
        }
    }
}
```

运行结果：

通过考试

（2）if…else 语句

if…else 语句是指如果满足某种条件，就进行某种处理，否则就进行另一种处理，属于双路选择语句。if…else 语句的语法格式及流程如图 2-3-5 所示。

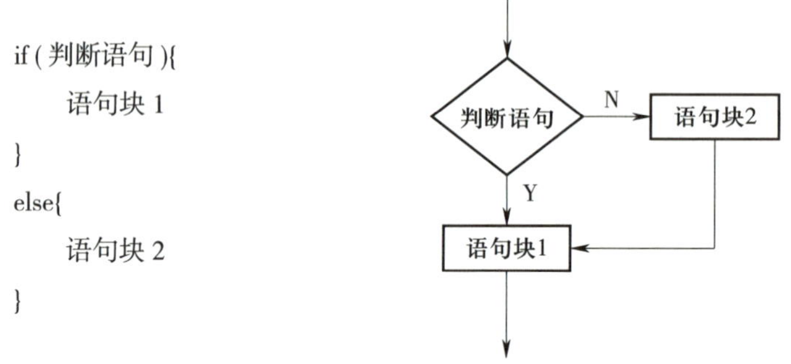

图 2-3-5　if…else 语句的语法格式及流程

例如，要判断一个用户是否成年，该用户年龄大于或等于 18 岁则成年，否则未成年，示例代码及运行结果如下。

示例代码：

```
public class Test {
    public static void main(String args[ ]){
```

```
        int age=16;
        if(age>=18) {
            System.out.println(" 成年 ");
        }
        else {
            System.out.println(" 未成年 ");
        }
    }
}
```

运行结果：

未成年

（3）if…else 语句嵌套

if…else 语句嵌套是指存在多种条件，如果满足某种条件，就进行某种处理，否则就判断是否满足另一条件，如果满足，就进行对应处理，否则继续判断是否满足其他条件，以此类推，属于多路选择语句。if…else 语句嵌套的语法格式及流程如图 2-3-6 所示。

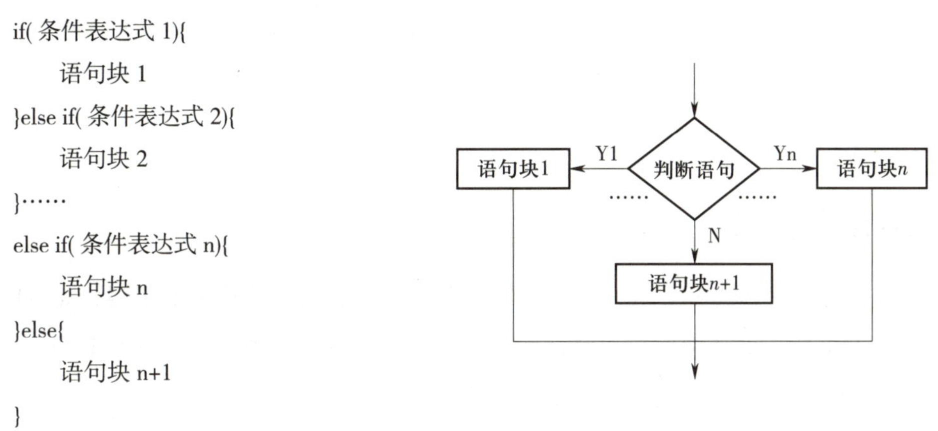

图 2-3-6　if…else 语句嵌套的语法格式及流程

例如，要判断成绩等级，成绩大于或等于 90 分则优秀，否则继续判断是否大于或等于 80 分，大于或等于 80 分则良好，否则继续判断是否大于或等于 70 分，大于或等于 70 分则中等，否则继续判断是否大于或等于 60 分，大于或等于 60 分则合格，否则不合格，示例代码及运行结果如下。

示例代码：

```
public class Test {
    public static void main(String args[ ]){
        int number=96;
        if(number>=90) {
            System.out.println(" 优秀 ");
        }else if(number>=80){
            System.out.println(" 良好 ");
        }else if(number>=70){
            System.out.println(" 中等 ");
        }else if(number>=60){
            System.out.println(" 合格 ");
        }else {
            System.out.println(" 不合格 ");
        }
    }
}
```

运行结果：

优秀

2. switch 语句

switch 是“开关”的意思，switch 语句属于多路选择语句。从功能上来说，switch 语句和 if 语句可以相互取代，但从编程的角度，它们又各有各的特点。当嵌套的 if 比较少时（3 个以内），用 if 语句编写程序会较为简洁，但是当选择的分支较多时，嵌套的 if 语句层数就会有很多，导致程序冗长，可读性下降，不如 switch 语句可读性好。switch 语句的语法格式及流程如图 2–3–7 所示。

使用 switch 语句时的注意事项如下。

（1）switch 语句中表达式的值可以是 byte、short、int 或 char。从 Java SE 7 版本开始，switch 就已经支持字符串 String 类型了，同时 case 标签必须为字符串常量或字面量。

（2）switch 语句可以拥有多个 case 语句。每个 case 后面跟一个要比较的值和冒号。

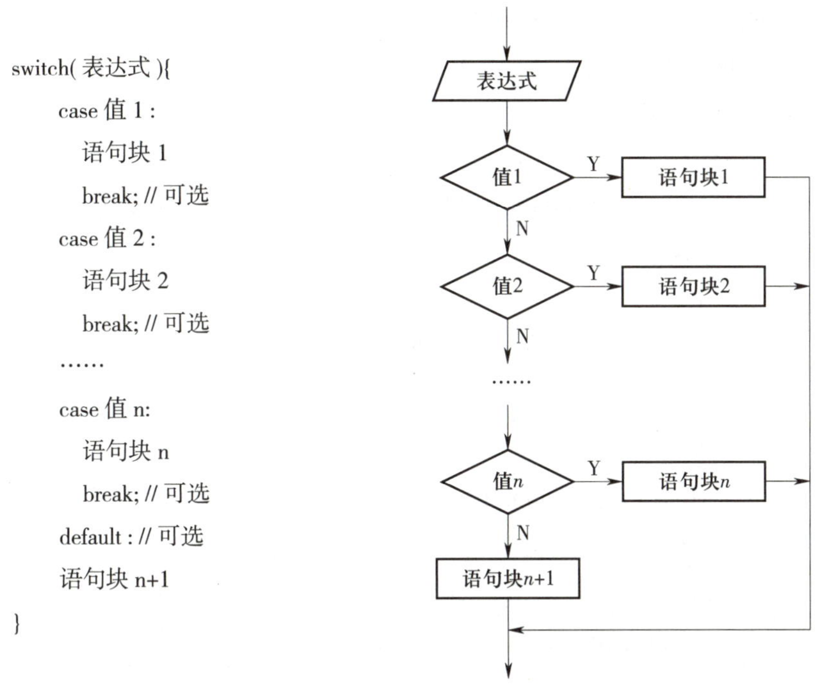

图 2-3-7　switch 语句的语法格式及流程

（3）case 语句中的值的数据类型必须与表达式的值的数据类型相同，而且只能是常量或字面量。

（4）当表达式的值与 case 语句的值相等时，case 语句之后的语句开始执行，直到 break 语句出现才会跳出 switch 语句。

（5）当遇到 break 语句时，switch 语句终止。程序跳转到 switch 语句后面的语句继续执行。case 语句不必须包含 break 语句。如果没有 break 语句出现，则程序会继续执行下一条 case 语句，直到出现 break 语句。

（6）switch 语句可以包含一个 default 分支，该分支一般是 switch 语句的最后一个分支（可以在任何位置，但建议在最后一个）。default 在没有 case 语句的值和变量值相等的时候执行。default 分支不需要 break 语句，需要注意的是，default 后面可以什么都不写，但是后面的冒号和分号不能省略，否则就是语法错误。

例如，提供抽奖号码 1 ~ 10 中的任意数字，输出获奖情况，示例代码及运行结果如下。

示例代码：

```
public class Test {
```

```
    public static void main(String args[ ]){
        int number=9;
        switch(number) {
            case 1:
                System.out.println(" 三等奖 ");
                break;
            case 6:
                System.out.println(" 二等奖 ");
                break;
            case 9:
                System.out.println(" 一等奖 ");
                break;
            default :
                System.out.println(" 未获奖 ");
        }
    }
}
```

运行结果：

一等奖

三、循环控制语句

1. while 语句

while 语句与选择结构语句类似，都是根据判断条件决定是否执行花括号内的语句块。区别在于，while 语句会反复地进行条件判断，只要条件成立，“{}”内的语句块就会被执行，直到条件不成立，while 循环结束。注意，只要布尔表达式为 true，循环就会一直执行下去。while 语句的语法格式及流程如图 2-3-8 所示。

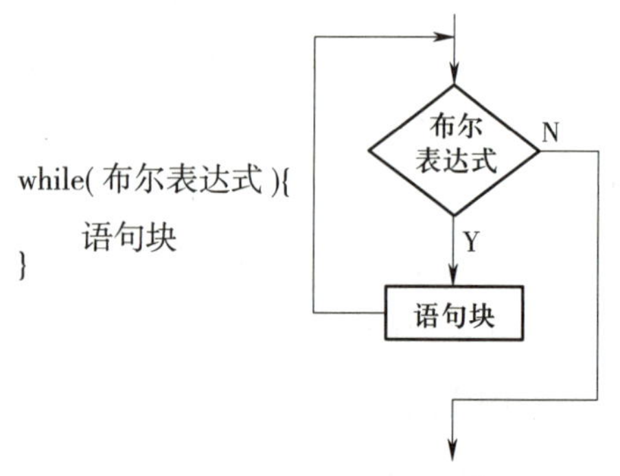

图 2-3-8　while 语句的语法格式及流程

例如，输出 10 以内的自然数，示例代码及运行结果如下。

示例代码：

```
public class Test {
    public static void main(String[ ] args) {
        int x = 1;
        while( x < 10 ) {
            System.out.print("value of x : " + x );
            x++;
            System.out.print("\n");
        }
    }
}
```

运行结果：

```
value of x : 1
value of x : 2
value of x : 3
value of x : 4
value of x : 5
value of x : 6
value of x : 7
value of x : 8
value of x : 9
```

2. do…while 语句

对于 while 语句而言，如果不满足条件，则不能进入循环，但有时候即使不满足条件，也需要至少执行一次。do…while 语句和 while 语句相似，但 do…while 语句至少会执行一次循环。do…while 语句的语法格式及流程如图 2-3-9 所示。

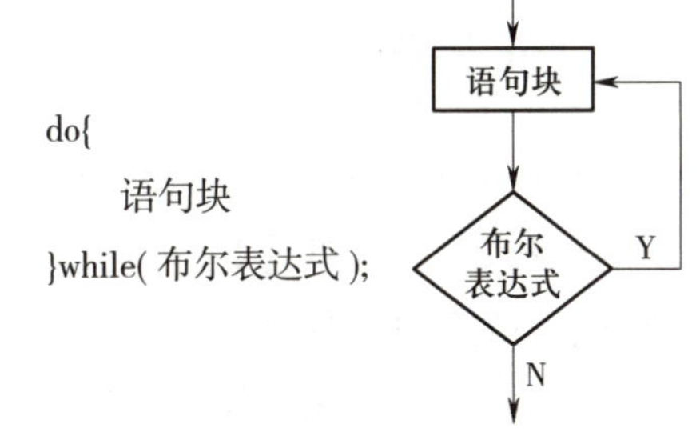

图 2-3-9　do…while 语句的语法格式及流程

注意：布尔表达式在语句块的后面，所以语句块在检测布尔表达式之前已经被执行了。如果布尔表达式的值为 true，则语句块一直执行，直到布尔表达式的值为 false。

例如，输出 10 以内的自然数，示例代码及运行结果如下。

示例代码：

```
public class Test {
    public static void main(String[ ] args) {
        int x = 1;
        do{
            System.out.print("value of x : " + x );
            x++;
            System.out.print("\n");
        }while( x < 10 );
    }
}
```

运行结果：

```
value of x : 1
value of x : 2
value of x : 3
value of x : 4
value of x : 5
value of x : 6
value of x : 7
value of x : 8
value of x : 9
```

3. for 语句

for 语句也是循环控制语句的一种，它的特点是在循环执行前就已经明确循环次数。for 语句的语法格式及流程如图 2-3-10 所示。

for 语句的语法说明如下。

（1）先执行初始化步骤。初始化语句可以声明一种类型，可初始化一个或多个循环控制变量，也可以是空语句。

```
for( 初始化语句 ; 循环判断语句 ; 步进语句 ){
    循环体
}
```

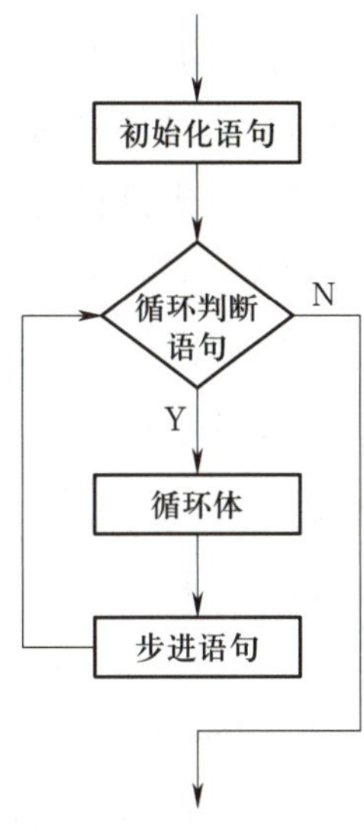

图 2-3-10　for 语句的语法格式及流程

（2）检测循环判断语句的值，如果为 true，则循环体被执行，如果为 false，则循环终止，开始执行循环体后面的语句。

（3）执行一次循环后，更新循环控制变量。

（4）再次检测循环判断语句的值，循环执行上面的过程。

例如，计算 1+2+3+…+10，并输出计算结果，示例代码及运行结果如下。

示例代码：

```
public class Test {
    public static void main(String[ ] args) {
        int sum = 0;
        for(int i=1;i<=10;i++){
            sum=sum+i;
        }
        System.out.print("1+2+3+…+10=" + sum);
    }
}
```

运行结果：

```
1+2+3+…+10=55
```

一个 for 循环里还可以嵌套另一个 for 循环，即两个循环嵌套。还有多重循环嵌套的情况，但用得比较少，一般常用的是两个循环嵌套，因为 for 循环多了会导致代码执行效率降低，而且容易死机，多重循环中的总循环次数是相乘的。实质上，嵌套循环就是把内层循环当成外层循环的循环体。当只有内层循环的循环条件为 false 时，才会完全跳出内层循环，才能结束外层的当次循环，开始下一次循环。设外层循环次数为 m 次，内层循环次数为 n 次，则内层循环体实际上需要执行 $m*n$ 次。

例如，打印 3 行 6 列的“*”图案，示例代码及运行结果如下。

示例代码：

```
public class Test {
    public static void main(String[ ] args) {
        for(int i=1;i<=3;i++){
            for(int j=1;j<=6;j++){
                System.out.print("* ");
            }
            System.out.print("\n" );
        }
    }
}
```

运行结果：

```
* * * * * *
* * * * * *
* * * * * *
```

四、跳转语句

1. break 语句

break 语句主要用在 switch 语句和循环控制语句中，用于跳出所在分支或循环结构。

（1）在 switch 语句中，break 语句的作用是终止某个 case 语句并跳出 switch 结构。

例如，根据交通灯的颜色选择行动，示例代码及运行结果如下。

示例代码：

```
public class Test {
    public static void main(String[ ] args) {
        int light = 3;
        switch(light){
            case 1 :
                System.out.print(" 当前是红灯，请停车！ ");
            break;
            case 2 :
                System.out.print(" 当前是黄灯，请稍等！ ");
            break;
            case 3 :
                System.out.print(" 当前是绿灯，请通行！ ");
            break;
            default :
            System.out.print(" 交通灯故障，请服从交警指挥！ ");
        }
    }
}
```

运行结果：

当前是绿灯，请通行！

（2）在循环控制语句中，break 语句的作用是跳出循环结构，执行循环后面的代码。

例如，原计划输出 1 ～ 100 的数字，现在要求输出到 4 就终止，示例代码及运行结果如下。

示例代码：

```
public class Test {
    public static void main(String[ ] args) {
        int i = 1;
        while (i<=100) {
            System.out.println("i: " + i);
```

```
                i++;
                if (i == 5){
                    break; // 当 i 的值增至 5 时，跳出循环
                }
            }
        }
    }
运行结果：
i: 1
i: 2
i: 3
i: 4
```

注意，当 break 语句出现在嵌套循环中的内层循环时，它只能跳出内层循环，如果想使用 break 语句跳出外层循环，则需要在外层循环中使用 break 语句。

例如，原计划打印 6 行 6 列的“*”图案，现在要求打印到 4 行 6 列时就终止，示例代码及运行结果如下。

```
示例代码：
public class Test {
    public static void main(String[ ] args) {
        for(int i=1;i<=6;i++){
            for(int j=1;j<=6;j++){
                System.out.print("* " );
            }
            if(i==4){
                break;
            }
            System.out.print("\n" );
        }
    }
}
```

```
运行结果：
******
******
******
******
```

2. continue 语句

continue 语句主要用于循环结构，用来结束当前循环，并进入下一次循环。

例如，输出 1 ~ 9 中除 5 之外的数字，示例代码及运行结果如下。

（1）在 while 循环中

```
示例代码：
public class Test {
    public static void main(String[ ] args) {
        int i = 0;
        while( i < 9 ) {
            // 步进语句写在 continue 语句之前
            i++;
            if(i==5){
                continue;
            }
            System.out.print(i+" ");
        }
    }
}
运行结果：
1 2 3 4 6 7 8 9
```

（2）在 do…while 循环中

```
示例代码：
public class Test {
```

```
        public static void main(String[ ] args) {
            int i = 0;
            do{
                // 步进语句写在 continue 语句之前
                i++;
                if(i==5){
                    continue;
                }
                System.out.print(i+" ");
            }while( i < 9 );
        }
}
运行结果：
1 2 3 4 6 7 8 9
```

（3）在 for 循环中

```
示例代码：
public class Test {
        public static void main(String[ ] args) {
            for(int i=1;i<=9;i++){
                if(i==5){
                    continue;
                }
                System.out.print(i+" ");
            }
        }
}
运行结果：
1 2 3 4 6 7 8 9
```

提示

Break 语句可以跳出当前循环，即整个循环都不会再执行。与 break 语句不同，continue 语句是提前结束本次循环，但会继续执行下一次循环。在多层嵌套的循环中，continue 语句也可以通过标签指明要跳过的是哪一层循环，并且同样是只结束所在的循环。

3. return 语句

return 语句用于从方法中返回值或退出方法。

（1）返回值

功能：使用 return 语句可以返回一个值给方法的调用者。

例如，在一个实现两个数相加的方法中，使用 return 语句返回两个加数的和，示例代码及运行结果如下。

示例代码：

```
public class Test {
    public static int add(int x, int y) {
        // 返回两个加数的和
        return x + y;
    }
    public static void main(String[ ] args) {
        int a=1;
        int b=2;
        int c=0;
        // 调用 add( ) 方法
        c=add(a,b);
        System.out.print("a+b="+c);
    }
}
```

运行结果：

```
a+b=3
```

（2）退出方法

功能：在方法中使用 return 语句可以提前退出该方法。

例如，连续输出自然数 1 ~ 9，遇到自然数 5 时停止输出，示例代码及运行结果如下。

示例代码：

```
public class Test {
    public static void main(String[ ] args) {
        for(int i=1;i<=9;i++){
            if(i==5){
                // 提前退出
                return;
            }
            System.out.print(i+" ");
        }
    }
}
```

运行结果：

```
1 2 3 4
```

第四节 数组的使用

一、数组的概念

在 Java 程序中，通常每个变量只能存储一个数据，假如某个学校的一个专业有 6 个班，一个班有 40 名学生，如果编写程序对这些学生的成绩进行处理，那么记录这些学生的成绩至少需要 240 个变量，如果需要记录的数据更多，那么需要的变量数也更多，很明显，诸如此类的数据处理需要更便捷的记录方式，即数组。

1. 数组

数组（array）是一组类型相同的数据的集合。数组中的每个数据被称作元素。数组可以存放任意类型的元素，但同一个数组中存放的元素类型必须一致。例如，上述学生成绩是一组浮点数据，类型相同，可以使用一个数组进行存储，每名同学的成绩是数组中的一个元素。

2. 一维数组

一维数组（one-dimensional array）是一组相同类型数据的线性集合，是数组中最简单的一种数组。一维数组用“数组名 [数组长度]”来表示，例如，a[6] 表示数组名为 a，数组长度为 6，即该数组中有 6 个元素。一维数组的内部结构如图 2-4-1 所示。

3. 二维数组

二维数组（two-dimensional array）是以一维数组作为元素的数组。二维数组就像一个表格，表格由多个行组成，每一行又由多个列组成，二维数组由一维数组组成，一维数组又由多个元素组成。二维数组用“数组名 [行数][列数]”来表示，例如，a[3][4] 表示数组名为 a，数组行数为 3（一维数组的数量），列数为 4（一维数组中的数据元素数量），则该数组中有 12 个元素。一维数组与二维数组的关系如图 2-4-2 所示。

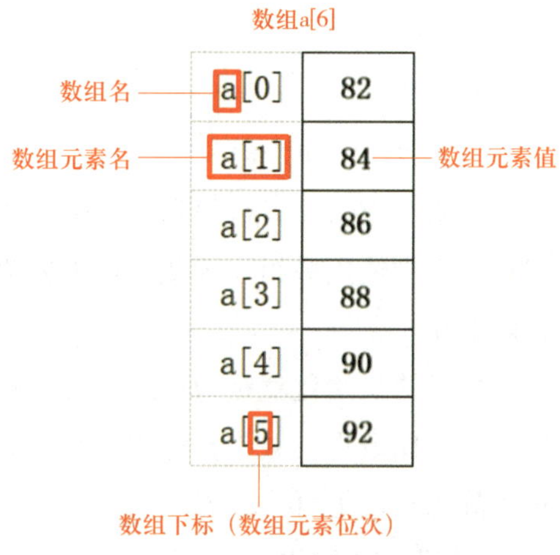

图 2-4-1　一维数组的内部结构

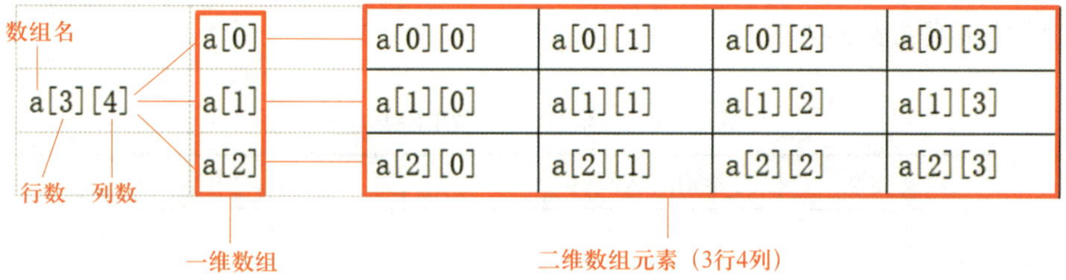

图 2-4-2　一维数组与二维数组的关系

二、数组的创建

1. 一维数组的创建

（1）数组的声明

要在程序中使用一维数组，必须首先进行声明。在 Java 程序中，一维数组的声明格式如下。

数据类型 [ ]　数组名 ;

或

数据类型 数组名 [数组长度];

注意，在声明一维数组时千万不要漏写“[ ]”，第一种声明格式的可读性更好，而且不需要规定数组的长度，在 Java 程序中推荐使用第一种声明格式。

例如，声明一个整型一维数组，数组名为 arr，示例代码如下。

示例代码：
```
int[ ] arr;
```

（2）数组的初始化

声明了数组，只是得到了一个存放数组的变量，并没有为数组元素分配内存空间，还不能在程序中使用数组。因此，还需要为数组分配内存空间，这样数组的每一个元素才有一个存储空间。

数组的初始化就是为数组开辟内存空间，即告诉计算机在内存中为数组分配几个连续的位置来存储数据，并为数组中的每个元素赋予初始默认值。数组的初始化主要分为动态初始化和静态初始化两种形式。

1）动态初始化

数组的动态初始化会指定数组长度，由系统给出初始默认值，再给数组元素赋值。系统给出的初始默认值见表 2-4-1。

表 2-4-1　系统给出的初始默认值

序号	数据类型	初始默认值	说明
1	整型	0	
2	浮点型	0.0	
3	字符型	\u0000	\u 表示 unicode 字符集，0000 是 4 位十六进制数
4	布尔型	false	
5	引用型	null	

在 Java 程序中可以使用 new 关键字来给数组分配空间。一维数组动态初始化的格式如下。

数据类型 [ ]　数组名 =new 数据类型 [数组长度];// 一维数组

例如，声明并初始化一个一维数组，用来存储 6 个 int 类型的数据，数组动态初始化示例说明如图 2-4-3 所示。

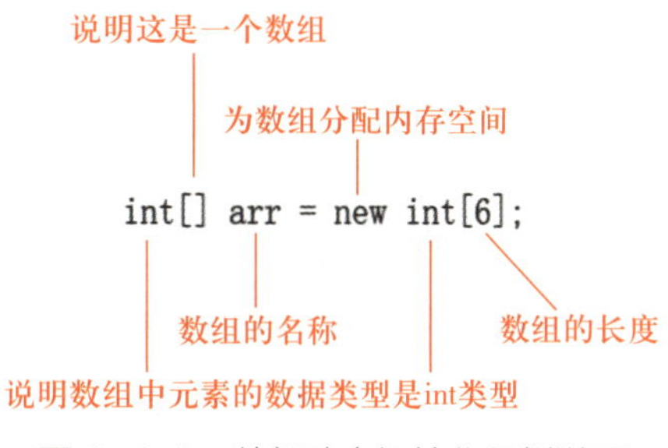

图 2-4-3 数组动态初始化示例说明

2）静态初始化

静态初始化在定义数组的同时就给数组所有元素赋值，数组长度由初始化的元素个数决定。一维数组静态初始化的格式如下。

```
数据类型 [ ]  数组名 =new 数据类型 [ ]{ 元素 1, 元素 2,…};
```

静态初始化的格式可以简化如下。

```
数据类型 [ ]  数组名 ={ 元素 1, 元素 2,…};
```

例如，声明并初始化一个一维数组，数组元素为 1、2、3、4、5、6，数组名为 arr，示例代码如下。

```
示例代码：
// 一维数组静态初始化
int[ ] arr = new int[ ]{1,2,3,4,5,6};
// 一维数组静态初始化简化格式
int[ ] arr = {1,2,3,4,5,6};
```

注意，静态初始化其实也有系统给出初始默认值的过程，只不过系统会接着自动将默认值替换为花括号中的具体数值。

提示

动态初始化适用于不确定数组中的具体元素的情形，静态初始化适用于已经确定了具体的数组元素的情形。

2. 二维数组的创建

（1）数组的声明

要在程序中使用二维数组，同样必须首先进行声明。在 Java 程序中，二维数组的声明格式如下。

数据类型 [ ][ ]　数组名;// 二维数组

或

数据类型 数组名 [行数][列数];// 二维数组

注意，在声明二维数组时千万不要漏写“[ ][ ]”，第一种声明格式的可读性更好，而且不需要规定数组的长度，在 Java 程序中推荐使用第一种声明格式。

例如，声明一个整型二维数组，数组名为 arr2，示例代码如下。

示例代码：

```
int[ ][ ] arr2;
```

（2）数组的初始化

二维数组的初始化也可分为动态初始化和静态初始化两种形式。

1）动态初始化

二维数组的动态初始化要指定数组的行数和列数，由系统给出初始默认值，再给数组元素赋值。在 Java 程序中，同样可以使用 new 关键字给二维数组分配空间。二维数组动态初始化的格式如下。

数据类型 [ ][ ]　数组名 =new 数据类型 [行数][列数];// 二维数组

例如，声明并初始化一个二维数组，使用 2 行 3 列的方式存储 6 个 int 类型的数据，二维数组动态初始化示例说明如图 2-4-4 所示。

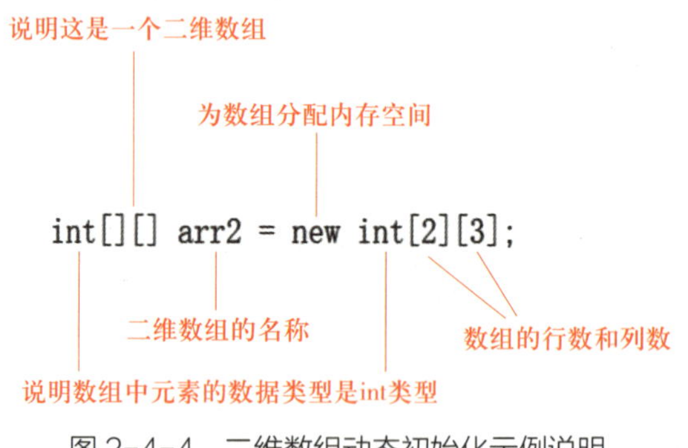

图 2-4-4　二维数组动态初始化示例说明

2）静态初始化

二维数组静态初始化的格式如下。

数据类型 [ ][ ]　数组名 = new 数据类型 [ ][ ]{{ 元素…},{ 元素…},…};

静态初始化的格式可以简化如下。

```
数据类型 [ ][ ]　数组名 ={{ 元素…},{ 元素…},…};
```

例如，声明并初始化一个二维数组，数组元素为 1、2、3、4、5、6，采用 2 行 3 列的方式存储，数组名为 arr2，示例代码如下。

```
示例代码：
// 二维数组静态初始化
int[ ][ ] arr2 = new int[ ][ ]{{1,2,3},{4,5,6}};
// 二维数组静态初始化简化格式
int[ ][ ] arr2 = {{1,2,3},{4,5,6}};
```

三、数组元素的访问

在 Java 程序中，在对数组元素进行操作前先要对该元素进行定位访问。数组通过连续的内存空间存储数据元素，数组元素可以使用数组的名字和索引值（下标）来访问。通过索引值访问数组元素时，可以通过计算内存地址的方式快速定位到对应的元素。

1. 一维数组元素的访问

（1）访问格式

在 Java 程序中，如果需要对一维数组元素进行操作，则首先需要按照如下格式进行访问。

```
数组名 [ 索引值 ]
```

其中，索引值是整数。一维数组的索引值从 0 开始，一直到“数组的长度 -1”。例如，一维数组 arr[6] 的索引值从 0 开始，一直到 5，即第一个元素是 arr[0], 最后一个元素是 arr[5]。

（2）length 属性

在 Java 程序中，为了方便获得一维数组的长度，提供了一个 length 属性，在程序中可以通过“数组名 .length”的方式获得一维数组的长度，即一维数组的元素个数。

例如，有一个一维数组 arr，数组中的元素为 1、2、3、4、5、6，将数组的长度赋给变量 x，将第 3 个元素的值赋给变量 y，再将第 3 个元素的值修改为 9，示例代码及运行结果如下。

示例代码：

```
public class Test{
        public static void main(String[ ] args) {
                //声明并初始化一维数组 arr
                int[ ] arr = {1,2,3,4,5,6};
                int x,y;
                //将 arr 的长度赋值给变量 x
                x=arr.length;
                //将 arr 中的第 3 个元素赋值给变量 y
                y=arr[2];
                //将 arr 的第 3 个元素修改为 9
                arr[2]=9;
                System.out.print("arr 的长度 = "+x);
                System.out.print("\n");
                System.out.print("arr 中的第 3 个元素的值 ="+y);
                System.out.print("\n");
                System.out.print("arr 中的第 3 个元素修改后的值 ="+arr[2]);
        }
}
```

运行结果：

arr 的长度 = 6

arr 中的第 3 个元素的值 =3

arr 中的第 3 个元素修改后的值 =9

2. 二维数组元素的访问

（1）访问格式

二维数组元素的访问格式如下。

数组名 [索引值 1][索引值 2]

二维数组的索引值 1 从 0 开始，直到“行数 -1”；索引值 2 从 0 开始，直到“列数 -1”。例如，二维数组 arr2[2][3] 的两个索引值都从 0 开始，分别直到 1 和 2，即二维数组 arr2[2][3]

的第一个元素是 arr2[0][0]，最后一个元素是 arr2[1][2]。

（2）length 属性

在 Java 程序中，二维数组通过“数组名 .length”的方式获得的是其所包含的一维数组的数量，并不是其所有元素的数量。

例如，有一个 2 行 3 列的二维数组 arr2，数组中的元素为 1、2、3、4、5、6，将数组的长度赋给变量 x，将第 3 个元素的值赋给变量 y，再将第 3 个元素的值修改为 9，示例代码及运行结果如下。

示例代码：

```
public class Test{
    public static void main(String[ ] args) {
        // 声明并初始化二维数组 arr2
        int[ ][ ] arr2 = {{1,2,3},{4,5,6}};
        int x,y;
        // 将 arr2 的长度赋值给变量 x
        x=arr2.length;
        // 将 arr2 中的第 1 行第 3 个元素赋值给变量 y
        y=arr2[0][2];
        // 将 arr2 中的第 1 行第 3 个元素修改为 9
        arr2[0][2]=9;
        System.out.print("arr2 的长度 = "+x);
        System.out.print("\n");
        System.out.print("arr2 中的第 3 个元素的值 ="+y);
        System.out.print("\n");
        System.out.print("arr 中的第 3 个元素修改后的值 ="+arr2[0][2]);
    }
}
```

运行结果：

```
arr2 的长度 = 2
arr2 中的第 3 个元素的值 =3
arr 中的第 3 个元素修改后的值 =9
```

提示

访问数组时常见的两个问题如下。

（1）java.lang.ArrayIndexOutOfBoundsException（数组越界异常）

产生的原因：访问数组元素时使用的索引值不存在。

（2）java.lang.NullPointerException（空指针异常）

产生的原因：数组已经不指向堆内存的数据（对象）时，仍使用数组名去访问元素。

四、数组的遍历

依次访问数组中的每个元素的操作称为数组的遍历。数组的访问和遍历在实际开发中有广泛的应用。例如，通过数组遍历，对学生成绩进行统计和分析，找到数组中的最大值和最小值等。在 Java 程序中，数组的遍历通常通过 for 循环语句操作来实现。

1. 一维数组的遍历

一维数组的遍历是指依次访问一维数组中的所有元素。根据遍历的顺序，一维数组的遍历主要分为正向遍历和反向遍历两种。

（1）正向遍历

正向遍历是对一维数组最常用的遍历方式，按照数组元素的顺序，从第一个元素开始，逐个访问到最后一个元素。该方法代码简洁明了、逻辑清晰，适用于按照顺序处理数组元素的情况。

例如，一维数组 arr 中的元素为 1、2、3、4、5、6，在控制台上依次输出该数组的所有元素，示例代码及运行结果如下。

示例代码：

```
public class Test{
    public static void main(String[ ] args) {
        int[ ] arr = {1,2,3,4,5,6};
        for(int i=0;i<arr.length;i++) {
            System.out.print("arr["+i+"]="+arr[i]+"\n");
        }
```

```
        }
    }
运行结果：
arr[0]=1
arr[1]=2
arr[2]=3
arr[3]=4
arr[4]=5
arr[5]=6
```

（2）反向遍历

反向遍历是按照数组元素的逆序，从最后一个元素开始，逐个访问到第一个元素。在需要从后往前处理或逆序处理数组元素的情况下，反向遍历可以更加直观地实现需求。

例如，一维数组 arr 中的元素为 1、2、3、4、5、6，在控制台上从后往前依次输出该数组的所有元素，示例代码及运行结果如下。

```
示例代码：
public class Test{
    public static void main(String[ ] args) {
        int[ ] arr = {1,2,3,4,5,6};
        for(int i=arr.length-1;i>=0;i--) {
            System.out.print("arr["+i+"]="+arr[i]+"\n");
        }
    }
}
运行结果：
arr[5]=6
arr[4]=5
arr[3]=4
arr[2]=3
arr[1]=2
arr[0]=1
```

2. 二维数组的遍历

二维数组的遍历是指按行优先或列优先的方式依次访问二维数组中的所有元素。根据遍历的顺序，二维数组的遍历主要分为行优先遍历和列优先遍历两种。在 Java 程序中，二维数组的遍历通常通过嵌套的 for 循环语句操作来实现。

（1）行优先遍历

二维数组的行优先遍历是指逐行访问二维数组中的所有元素，即先访问第一行的数组元素，再访问第二行的数组元素，以此类推，直到访问完最后一行的数组元素。

例如，二维数组 arr2[2][3] 中的元素为 1、2、3、4、5、6，在控制台上按行优先遍历的方式依次输出该数组的所有元素，示例代码及运行结果如下。

示例代码：

```
public class Test{
    public static void main(String[ ] args) {
        int[ ][ ] arr2 = {{1,2,3},{4,5,6}};
        for(int i=0;i<arr2.length;i++){
            System.out.print(" 第 "+i+" 行：");
            for(int j=0;j<arr2[i].length;j++){
                System.out.print("arr2["+i+"]["+j+"]="+arr2[i][j]+"\t");
            }
            System.out.print("\n");
        }
    }
}
```

运行结果：

```
第 0 行：arr2[0][0]=1    arr2[0][1]=2    arr2[0][2]=3
第 1 行：arr2[1][0]=4    arr2[1][1]=5    arr2[1][2]=6
```

（2）列优先遍历

二维数组的列优先遍历是指逐列访问二维数组中的所有元素，即先访问第一列的数组元素，再访问第二列的数组元素，以此类推，直到访问完最后一列的数组元素。

例如，二维数组 arr2[2][3] 中的元素为 1、2、3、4、5、6，在控制台上按列优先遍历的方式依次输出该数组的所有元素，示例代码及运行结果如下。

示例代码：

```
public class Test{
    public static void main(String[ ] args) {
        int[ ][ ] arr2 = {{1,2,3},{4,5,6}};
        for(int i=0;i<arr2[0].length;i++){
            System.out.print(" 第 "+i+" 列：");
            for(int j=0;j<arr2.length;j++){
                System.out.print("arr2["+j+"]["+i+"]="+arr2[j][i]);
                System.out.print("\t");
            }
            System.out.print("\n");
        }
    }
}
```

运行结果：

```
第 0 列：arr2[0][0]=1    arr2[1][0]=4
第 1 列：arr2[0][1]=2    arr2[1][1]=5
第 2 列：arr2[0][2]=3    arr2[1][2]=6
```

注意，相较于列优先遍历，行优先遍历的效率较高，因此更为常用。

提示

数组访问和遍历的优缺点如下。

数组的访问和遍历具有以下优点。

（1）访问快速：通过下标即可快速访问数组元素。

（2）灵活性高：可以通过循环遍历数组，灵活操作数组中的元素。

数组的访问和遍历也存在以下缺点。

（1）长度固定：数组的长度在创建时是确定的，无法动态改变。

（2）内存占用较大：数组需要连续的内存空间，当数据量很大时，可能会占用较多的内存。

实训案例 2 计算选手总成绩并输出获奖情况

一、案例要求

某世赛项目校选拔赛共有 6 名选手，选手成绩见表 2-4-2，现需要根据选手各模块成绩计算总成绩，并对总成绩进行排名确定获奖情况，其中，一等奖 1 名，二等奖 2 名，三等奖 3 名。根据上述要求，使用 Eclipse 设计 Java 程序，在控制台上输出选手的获奖情况。

表 2-4-2　选手成绩

选手号	模块 A	模块 B	模块 C	总分	排名	奖项
1	30	30	29.5			
2	32	31	31.5			
3	26	26	26.5			
4	23	21	26.5			
5	30	28	28.5			
6	26	24	25.5			

二、案例分析

1. 选手各模块成绩的存放

案例中有 6 名选手，每名选手有 3 个模块的成绩，可以采用 6 行 3 列的二维数组进行存放。

2. 选手总分的计算和存放

案例中，每名选手 3 个模块的成绩相加求得总分，可以采用 for 循环语句按照行优先遍历的方式访问每名选手 3 个模块的得分，计算出总分，并存放到一个长度为 6 的一维数组中。

3. 选手的排名

对选手的总分进行两两比较，得出最终排名，可以采用 for 循环语句和 if 语句，根据冒泡排序的思路对总分进行排序。

4. 选手的奖项

根据选手的排名，第 1 名输出一等奖，第 2、3 名输出二等奖，第 4、5、6 名输出三等奖。可以采用 switch 语句实现输出奖项。

三、案例实现

1. 新建 Java 项目

启动 Eclipse，在打开的 Eclipse 窗口中，依次单击“文件”“新建”“Java 项目”选项，在弹出的“新建 Java 项目”对话框中，输入项目名“example02”，如图 2-4-5 所示，单击“完成”按钮。

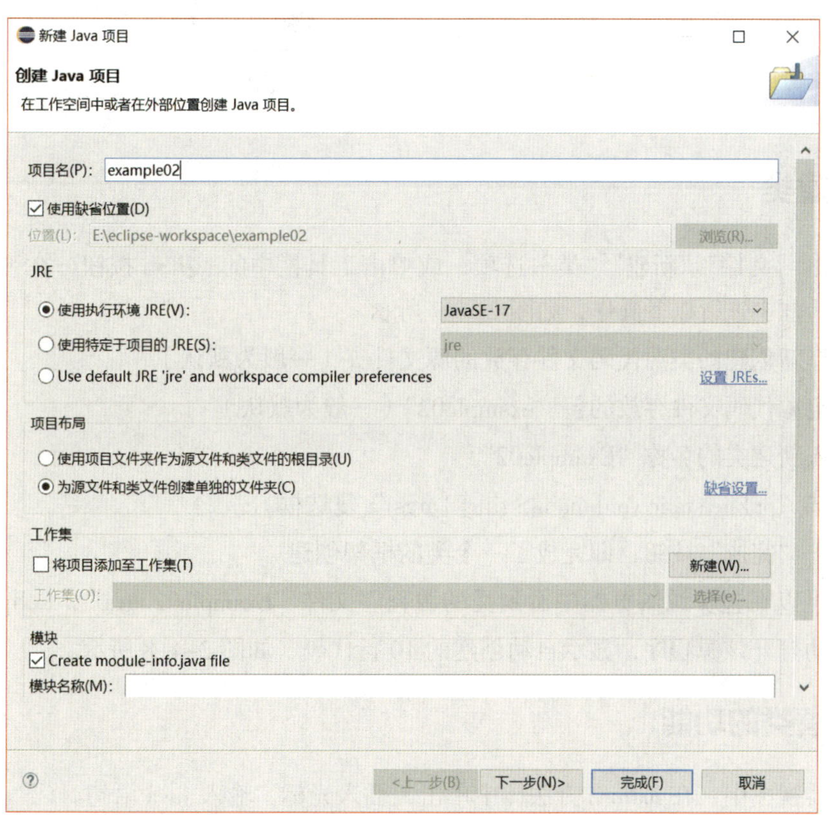

图 2-4-5 “新建 Java 项目”对话框

2. 创建包

依次单击“文件”“新建”“包”选项，或单击工具栏中的 按钮，在弹出的“新建 Java 包”对话框中，输入包名称“example02”，如图 2-4-6 所示，单击“完成”按钮。

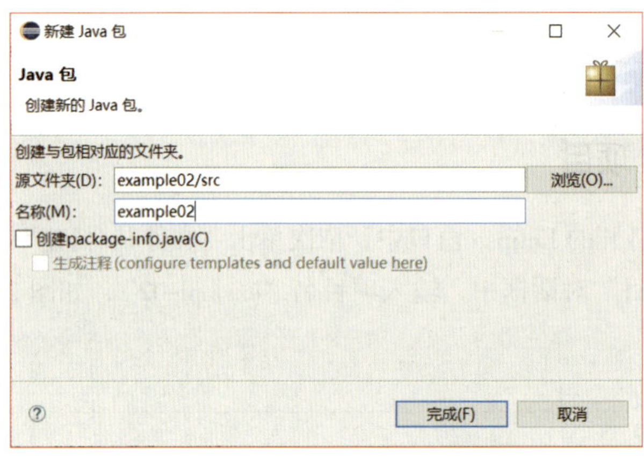

图 2-4-6 “新建 Java 包”对话框

3. 创建类

依次单击“文件”“新建”“类”选项，或单击工具栏中的 按钮，在弹出的“新建 Java 类”对话框中进行以下操作，如图 2-4-7 所示。

（1）选择新创建的类源代码文件存放的源文件夹（一般为默认）。

（2）确定源代码文件存放的包“example02”（一般为默认）。

（3）输入新建类的名称“Example02”。

（4）勾选“public static void main(String[ ] args)”复选框。

（5）单击“完成”按钮，即完成了一个类的框架创建。

此时，可以在包资源浏览器中看到类的源程序文件“Example02.java”，Eclipse 会在编辑器视图中自动打开该源程序，显示自动创建的 10 行代码，如图 2-4-8 所示。

4. 完善类的功能

在编辑器视图中，在 main( ) 方法体中单击，插入光标，输入 Java 语句。

“Example02.java”示例代码如下。

新建 Java 类

Java 类

创建新的 Java 类。

源文件夹(D): example02/src　浏览(O)...

包(K): example02　浏览(W)...

外层类型(Y):　浏览(W)...

名称(M): Example02

修饰符: 公用(P)　package　私有(V)　受保护(T)

抽象(T)　终态(L)　静态(C)

none　sealed　non-sealed　终态(L)

超类(S): java.lang.Object　浏览(E)...

接口(I):　添加(A)...　移除(R)

想要创建哪些方法存根（占位代码）？

public static void main(String[] args)

来自超类的构造函数(C)

继承的抽象方法(H)

要添加注释吗？（在此处配置模板和缺省值）

生成注释

完成(F)　取消

图 2-4-7　“新建 Java 类”对话框

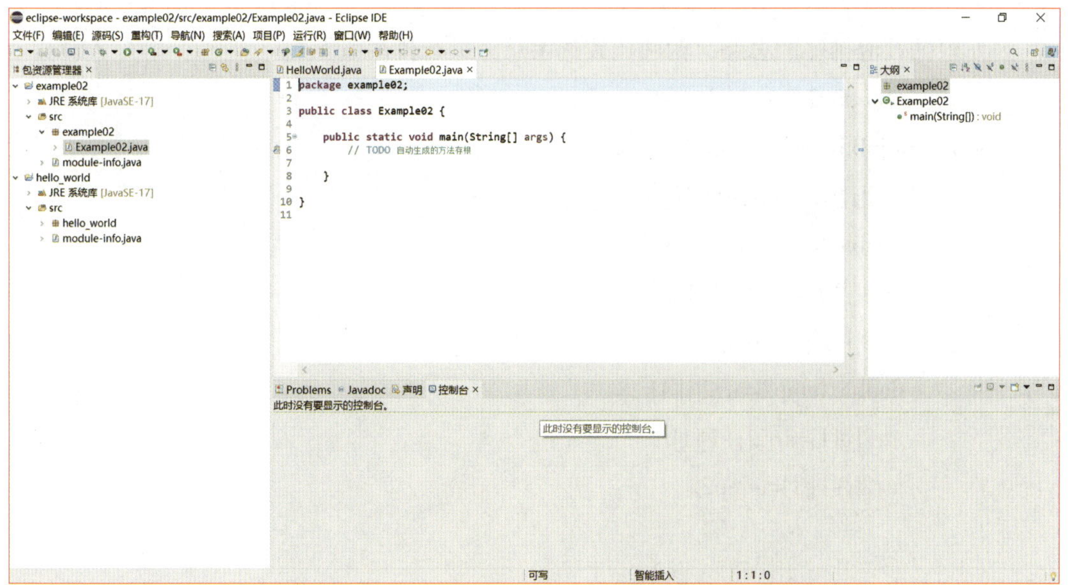

图 2-4-8　“Example02.java”初始源文件及代码

示例代码：

```
package example02;
public class Example02{
    public static void main(String[ ] args){
        //存放每名选手 3 个模块的成绩
        double[ ][ ] arr1={{30,30,29.5},{32,31,31.5},{26,26,26.5},{23,21,26.5},
        {30,28,28.5},{26,24,25.5}};
        //第 1 列存放总分，第 2 列存放选手号
        double[ ][ ] arr2= {{0,1},{0,2},{0,3},{0,4},{0,5},{0,6}};
        //计算 6 名选手的总分并输出
        for(int i=0;i<arr1.length;i++) {
            for(int j=0;j<arr1[i].length;j++){
                //计算每名选手的总分
                arr2[i][0]=arr2[i][0]+arr1[i][j];
            }
            //输出 6 名选手的总分
            System.out.println(" 第 "+(int)arr2[i][1]+" 名选手的总分 :"+arr2[i][0]);
        }
        //根据冒泡排序的思路，两两比较选手总分进行排序
        for(int i=0;i<arr2.length-1;i++){
            for(int j=0;j<arr2.length-i-1;j++){
                if(arr2[j][0]>arr2[j+1][0]){
                    double temp1=arr2[j][0];
                    arr2[j][0]=arr2[j+1][0];
                    arr2[j+1][0]=temp1;
                    double temp2=arr2[j][1];
                    arr2[j][1]=arr2[j+1][1];
                    arr2[j+1][1]=temp2;
                }
            }
```

```
        }
        // 输出每名选手的排名及奖项
        for(int i=arr2.length-1;i>=0;i--){
            System.out.print(" 第 "+(int)arr2[i][1]+" 名选手的排名 :"+(arr2.length-i));
            switch(arr2.length-i) {
            case 1:
                System.out.println(" 一等奖 ");
                break;
            case 2:
            case 3:
                System.out.println(" 二等奖 ");
                break ;
            default:
                System. out.println(" 三等奖 ");
            }
        }
    }
}
```

5. 运行程序，查看结果

单击 Eclipse 窗口中的“运行”按钮运行程序，程序运行结果如图 2-4-9 所示。

```
第1名选手的总分:89.5
第2名选手的总分:94.5
第3名选手的总分:78.5
第4名选手的总分:70.5
第5名选手的总分:86.5
第6名选手的总分:75.5
第2名选手的排名:1 一等奖
第1名选手的排名:2 二等奖
第5名选手的排名:3 二等奖
第3名选手的排名:4 三等奖
第6名选手的排名:5 三等奖
第4名选手的排名:6 三等奖
```

图 2-4-9　程序运行结果

第三章　Java 面向对象基础

现实生活中存在各种不同的人、事、物，这些人、事、物之间存在各种各样的联系。在程序中，使用对象映射现实中的人、事、物，使用关系描述人、事、物之间的联系，使用方法模拟它们的行为，这种思想就是面向对象。面向对象是一种符合人类思维习惯的编程思想。

第一节　类和对象的基础

在面向对象中，为了做到让程序对人、事、物的描述与其在现实中的形态保持一致，面向对象思想提出了两个概念，即类和对象。

一、基本概念

1. 类

在面向对象思想中，类用于描述一组对象的共同特征和行为，是对象的抽象和模板。在类中，用于描述对象共同特征的成员称为类的成员变量，也被称作对象的属性；用于描述对象共同行为的成员称为成员方法，简称为方法。

例如，在现实生活中，学生可以用于描述一组孩子的共同特征和行为，这些孩子都有学号等共同特征，具有在学校看书等行为。

2. 对象

在面向对象思想中，最核心的概念就是对象，对象是根据类创建的，用于描述现实中的个体，表示一个个具体的人、事、物，它是类的实例。

例如，在学生类中，具体的学生“张三”或“李四”都可以称为对象。一个具体的学生有学号、姓名和年龄等信息，这些信息称为属性；学生可以看书和打篮球，而看书和打篮球等行为称为方法。

3. 抽象方法

抽象方法是使用 abstract 关键字修饰的类的成员方法，主要用于无法准确描述类的行为特征的情况。抽象方法在定义时不需要实现方法体，而是可以在创建对象时具体实现。

例如，在定义 Animal 类时，shout( ) 方法用于描述动物的叫声，但是针对不同的动物，其叫声是不同的，因此在 shout( ) 方法中无法准确地描述动物的叫声，此时将 shout( ) 方法定义为抽象方法。

4. 抽象类

抽象类是指包含抽象方法的类。当一个类包含了抽象方法时，该类必须是抽象类。抽象类和抽象方法一样，必须使用 abstract 关键字进行修饰。

例如，shout( ) 是抽象方法，包含此方法的 Animal 类就是一个抽象类。

5. 接口

接口是一种特殊的类，由全局常量和公共的抽象方法组成，不能包含普通方法。如果一个抽象类的所有方法都是抽象的，则可以将这个类定义为接口。

例如，如果 Animal 类中只包含 shout( ) 和 move( ) 等抽象方法，不包含普通方法，则 Animal 类就可以定义为接口。

注意，在 JDK 8 版本之前，接口是由全局常量和抽象方法组成的，且接口中的抽象方法不允许有方法体。在 JDK 8 版本之后对接口进行了重新定义，接口中除抽象方法外，还可以有默认方法和静态方法，默认方法使用 default 关键字修饰，静态方法使用 static 关键字修饰，且这两种方法都允许有方法体。

二、类和对象的基本使用

1. 类的定义

在 Java 程序中，类的定义格式如下。

```
class 类名 {
    成员变量;
```

```
成员方法;
}
```

例如，定义一个学生类，成员变量包括姓名（name）、年龄（age）、性别（sex），成员方法包括读书 read()，示例代码如下。

```
示例代码：
class Student {
    String name;      // 定义 String 类型的变量 name
    int age;          // 定义 int 类型的变量 age
    String sex;       // 定义 String 类型的变量 sex
    void read() {         // 定义 read () 方法
        System.out.println( " 大家好，我是 " + name + " , 我在看书！" );
    }
}
```

提示

在 Java 程序中，定义在类中的变量被称为成员变量，定义在方法中的变量被称为局部变量。类变量也声明在类中、方法体之外，但必须声明为 static 类型。在某一个方法中定义的局部变量与成员变量同名，这种情况是允许的，此时，在方法中通过变量名访问到的是局部变量，而非成员变量。

2. 对象的创建和使用

（1）对象的创建

在 Java 程序中，使用 new 关键字创建对象，通常把用类创建对象的过程称为实例化对象，具体格式如下。

```
类名 对象名称 = null;// 声明对象
对象名称 = new 类名 ();// 实例化对象
```

上述格式中，创建对象分为声明对象和实例化对象两步，也可以直接通过以下格式创建对象。

```
类名 对象名称 = new 类名 ();
```

例如，创建 Student 类的实例对象 stu，示例代码如下。

```
示例代码：
Student stu = new Student( );
```

（2）对象的使用

创建对象后，对象属性和方法的访问通过“.”运算符实现，访问格式如下。

```
对象名称 . 属性名
对象名称 . 方法名
```

例如，创建 Student 类的两个对象，并访问这两个对象的属性和方法，示例代码及运行结果如下。

```
示例代码：
// Student 类
class Student {
    // 声明 name 属性
    String name;
    // 声明 read ( ) 方法
    void read( ) {
        System.out.println( " 大家好，我是 " + name);
    }
}
// 测试类
class Example301 {
    public static void main(String[ ] args) {
    // 创建第一个 Student 对象
    Student stu1 = new Student( );
    // 创建第二个 Student 对象
    Student stu2 = new Student( );
    // 访问 stu1 对象的 name 属性并赋值
    stu1.name = " 小明 " ;
```

```
        //调用 stu1 对象的 read () 方法
        stu1.read();
        stu2.name = " 小华 ";
        stu2.read();
    }
}
运行结果:
大家好，我是小明
大家好，我是小华
```

三、访问控制权限

针对类、成员方法和属性的访问，Java 提供了 4 种访问控制权限，权限由小到大依次是 private、default、protected 和 public，访问控制权限的范围见表 3-1-1。

表 3-1-1　访问控制权限的范围

范围	private	default	protected	public
同一类中	√	√	√	√
同一包中的类		√	√	√
不同包中的类			√	√
全局范围				√

1. private

private 是私有访问权限，用于修饰类的属性和方法。类的成员一旦使用了 private 关键字修饰，则该成员只能在本类中进行访问。外部类无法直接访问私有属性，而是通过 public 方法间接访问。

例如，有一个银行账户类，只能通过特定方法进行修改，而不是直接从外部进行修改，以确保账户的安全，其示例代码如下。

示例代码：

```
// BankAccount.java，银行账户类文件
public class BankAccount {
  // 私有属性，账户余额
  private double balance;
  // 存款方法，只能在类内部访问
  public void deposit(double amount) {
      balance += amount;
  }
  // 取款方法，只能在类内部访问
  public void withdraw(double amount) {
      balance -= amount;
  }
  // 公共方法，允许外部类获取余额
  public double getBalance( ) {
      return balance;
  }
}

// Example302.java，银行账户类的外部类文件
public class Example302{
    public static void main(String[ ] args) {
        BankAccount account = new BankAccount( );
         // 调用公共方法存款
         account.deposit(100);
         // 通过公共方法 getBalance( ) 获取 Balance 并输出
         System.out.println( " Balance: " + account.getBalance( ));
    }
}
```

提示

使用 abstract 关键字修饰的抽象方法不能使用 private 关键字进行修饰，因为抽象方法必须被子类实现，如果使用了 private 声明，那么子类无法实现该方法。

2. default

default 是默认的访问权限，如果一个类中的属性或方法没有任何的访问权限声明，那么该属性或方法就是默认的访问权限。默认的访问权限可以被本包中的其他类访问，但是不能被其他包的类访问。

例如，有一个字符串工具类 StringUtils ，这个工具类在同一个包内可见，但不可以公开给外部包使用，其示例代码如下。

示例代码：

```
// StringUtils.java，字符串工具类文件
// 默认访问权限，只在同一包内可见
class StringUtils {
    // 返回逆向形式的字符串
    String reverse(String str) {
        StringBuilder strb = new StringBuilder(str);
        return strb.reverse( ).toString( );
    }
}
// Example303.java
public class Example303{
    public static void main(String[ ] args) {
        // 同一包下的 Example303 类直接使用 StringUtils 工具类
        StringUtils utils = new StringUtils( );
        String reversed = utils.reverse( " hello " );
        System.out.println(reversed); // 输出 olleh
    }
}
```

3. protected

protected 是受保护的访问权限。如果一个类中的成员使用了 protected 访问权限，那么该成员只能被本包及不同包的子类访问。

例如，某个游戏程序中有多个角色类，它们都具有一些共享的属性和方法。需要让这些属性和方法在子类中可见，但对于外部类不可见，其示例代码如下。

```
示例代码：
// Character.java，角色类文件
// 父类 Character
public class Character {
    // 受保护成员
    protected int health;
    // 受保护方法，用于减少生命值
    protected void takeDamage(int damage) {
        health -= damage;
    }
}
// Player.java，子类文件
// 子类 Player 继承父类 Character
public class Player extends Character {
    public void heal(int amount) {
        // 子类可以访问父类的受保护成员 health
        health += amount;
    }
}
```

4. public

public 属于公共访问权限。如果一个类中的成员使用了 public 访问权限，那么该成员可以在所有类中被访问，不管两者是否在同一包中。

例如，有一个几何形状类库，其中包含不同类型的形状类，现通过提供一个公共方法，

允许其他程序直接访问并使用这些形状类，其示例代码如下。

```
示例代码：
// Shape.java，形状类文件
public class Shape {
  //公共方法，任何类都可以直接调用
  public void draw( ) {
    System.out.println( " Drawing shape… " );
  }
}
//其他类可以直接使用上述形状类
// Example304.java，测试类文件
public class Example304{
  public static void main(String[ ] args) {
    Shape shape = new Shape( );
    //直接调用公共方法
    shape.draw( );
  }
}
```

四、构造方法和 this 关键字

1. 构造方法

每个类都有构造方法。构造方法是类的一个特殊成员方法，在类实例化对象时自动调用。如果没有显式地为类定义构造方法，Java 编译器将会为该类提供一个默认的构造方法。在创建一个对象时，至少要调用一个构造方法。如果需要在实例化对象时为这个对象的属性赋值，可以通过构造方法实现。定义构造方法时，有以下几点注意事项。

（1）构造方法的名称必须与类名一致，一个类可以有多个构造方法。

（2）构造方法名称前不能有任何返回值类型的声明。

（3）不能在构造方法中使用 return 返回一个值，但是可以单独写 return 语句作为方法的结束。

在类中，默认的构造方法没有参数，方法体中没有任何代码，与在类中显式地定义

一个没有参数、方法体中没有任何代码的构造方法效果完全一样。两种写法的示例代码如下。

示例代码：

第一种写法：

```
class Student {
}
```

第二种写法：

```
class Student{
    public Student( ){
    }
}
```

对于第一种写法，类中虽然没有声明构造方法，但仍然可以创建 Student 类的实例对象，在实例化对象时调用默认的构造方法。

例如，定义一个 Student 类，在该类中定义一个无参构造方法，输出提示语句“调用了无参构造方法”，示例代码及运行结果如下。

示例代码：

```
// Student 类
class Student{
    public Student( ) {
        System.out.println( " 调用了无参构造方法 " );
    }
}
// 测试类
public class Example305 {
    public static void main(String[ ] args) {
        System.out.println( " 声明对象… " );
        // 声明对象
        Student stu = null;
        System.out.println( " 实例化对象… " );
        // 实例化对象
        stu = new Student( );
    }
}
```

运行结果：
声明对象…
实例化对象…
调用了无参构造方法

在一个类中除了定义无参构造方法外，还可以定义有参构造方法，通过有参构造方法可以实现对属性的赋值。

例如，在上述 Student 类中，增加私有属性 name 和 age，并且定义有参构造方法 Student (String name,int a)。实例化 Student 对象时，传入参数“张三”和“18”，分别赋值给 name 和 age，示例代码及运行结果如下。

示例代码：
```
class Student{
    private String name;
    private int age;
    public Student(String n, int a){
        name = n;
        age = a;
    }
    public void read( ){
        System.out.println( " 我是 : " +name+ " , 年龄 : " +age);
    }
}
public class Example306{
    public static void main(String[ ] args) {
        // 实例化 Student 对象
        Student stu = new Student( " 张三 " ,18);
        stu.read( );
    }
}
```
运行结果：
我是：张三，年龄：18

由运行结果可以看出，stu 对象在调用 read( ) 方法时，name 属性已经被赋值为“张三”，age 属性已经被赋值为“18”。

提示

（1）构造方法通常使用 public 关键字进行修饰。

（2）当类中定义了有参构造方法时，系统就不再提供默认的构造方法。因此，如果定义了有参构造方法，最好再定义一个无参构造方法。

2. this 关键字

在 Java 程序中，当成员变量与局部变量发生重名问题时，需要使用 this 关键字分辨成员变量与局部变量。this 关键字的语法较为灵活，其作用主要有以下三种。

（1）调用本类中的属性

在类的构造方法中，如果参数名称与类属性名称相同，会导致成员变量与局部变量的名称冲突，示例代码及运行结果如下。

示例代码：

```
class Student {
    private String name;
    private int age;
    // 定义构造方法
    // 参数名称 name、age 与类属性名称 name、age 相同，导致冲突
    public Student(String name,int age) {
        name = name;
        age = age;
    }
    public String read( ){
        return " 我是：" +name+ " , 年龄：" +age;
    }
}
public class Example307{
```

```
    public static void main(String[ ] args) {
        Student stu = new Student( " 张三 " , 18);
        System.out.println(stu.read( ));
    }
}
```

运行结果：

我是：null，年龄：0

从运行结果可以看出，stu 对象姓名为 null，年龄为 0，表明构造方法中的赋值没有成功。这是因为参数名称与对象成员变量名称相同，编译器无法确定哪个名称是当前对象的属性。

为了解决这个问题，Java 提供了 this 关键字指代当前对象，通过 this 关键字可以访问当前对象的成员，其示例代码如下。

示例代码：

```
public Student(String name,int age) {
    this.name = name;
    this.age = age;
}
```

在构造方法中，使用 this 关键字明确标识出了类中的两个属性“this.name”和“this.age”，所以在进行赋值操作时不会产生歧义。再次运行程序，运行结果如下。

运行结果：

我是：张三，年龄：18

（2）调用成员方法

通过 this 关键字还可以调用类的成员方法。

例如，在 Student 类中有两个成员方法 openMouth( ) 和 read( )，在 read( ) 方法中使用 this 关键字可以调用成员方法 openMouth( )，其示例代码如下。

示例代码：

```
class Student {
    // 成员方法 openMouth( )
    public void openMouth( ) {
        ...
```

```
    }
    // 成员方法 read( )
    public void read( ) {
        // 使用 this 关键字调用成员方法 openMouth
        this.openMouth( );
    }
}
```

（3）调用构造方法

构造方法在实例化对象时被自动调用，在程序中不能像调用其他成员方法一样调用构造方法，但可以在一个构造方法中使用“this(参数 1, 参数 ,…)”的形式调用其他构造方法。

例如，在 Student 类中，有一个无参构造函数，一个有参构造函数，在有参构造函数中使用 this 关键字调用无参构造函数，示例代码及运行结果如下。

```
示例代码：
// Student 类
class Student {
    private String name;
    private int age;
    public Student ( ) {
        System.out.println( " 实例化了一个新的 Student 对象。 " );
    }
    public Student (String name,int age) {
        // 在有参构造方法中，调用无参构造方法
        this( );
        this.name = name;
        this.age = age;
    }
    public String read( ){
        return  " 我是 : " +name+ " , 年龄 : " +age;
    }
```

```
}
//测试类
public class Example308{
    public static void main(String[ ] args) {
        //实例化 Student 对象
        Student stu = new Student ( " 张三 " ,18);
        System.out.println(stu.read( ));
    }
}
```

运行结果：

实例化了一个新的 Student 对象。

我是：张三，年龄：18

提示

在使用 this 关键字调用类的构造方法时，应注意以下三点。

（1）只能在构造方法中使用 this 关键字调用其他构造方法，不能在成员方法中通过 this 关键字调用其他构造方法。

（2）在构造方法中，使用 this 关键字调用构造方法的语句必须位于第一行，且只能出现一次。以下示例代码的写法是错误的。

示例代码：

```
public Student(String name) {
        System.out.println( " 有参构造方法被调用了。 " );
        //不在第一行，编译错误！
        this(name);
}
```

（3）不能在一个类的两个构造方法中使用 this 关键字互相调用，错误程序示例代码如下。

示例代码：

```
    class Sudent {
```

```
    public Student ( ) {
        // 调用有参构造方法
    this( " 张三 " );
        System.out.println( " 无参构造方法被调用了。 " );
    }
    public Student (String name) {
        // 调用无参构造方法
    this( );
        System.out.println( " 有参构造方法被调用了。 " );
    }
}
```

五、抽象类和接口的定义

1. 抽象类的定义

抽象类和抽象方法都必须使用 abstract 关键字进行定义，语法格式如下。

```
abstract class 抽象类名称 {
    访问权限 返回值类型 方法名称 ( 参数 ){
        return [ 返回值 ];
    }
    // 抽象方法，无方法体
    访问权限 abstract 返回值类型 抽象方法名称 ( 参数 );
}
```

例如，定义一个抽象类 Animal，包含一个抽象方法 shout( )，其示例代码如下。

示例代码：

```
// 定义抽象类 Animal
abstract class Animal {
```

```
    abstract void shout( ); // 定义抽象方法 shout( )
}
```

2. 接口的定义

接口使用 interface 关键字进行定义，语法格式如下。

```
public interface 接口名 extends 接口 1, 接口 2,… {
    public static final 数据类型 常量名 = 常量值 ;
    public default 返回值类型 抽象方法名 ( 参数列表 );
    public abstract 返回值类型 方法名 ( 参数列表 ){
        // 默认方法的方法体
    }
    public abstract 返回值类型 方法名 ( 参数列表 ){
        // 类方法的方法体
    }
}
```

在上述语法中，“extends 接口 1, 接口 2,…”表示一个接口可以有多个父接口，父接口之间使用逗号分隔。Java 程序使用接口是为了克服单继承的限制，因为一个类只能有一个父类，而一个接口可以同时继承多个父接口。接口中的变量默认使用“public static final”进行修饰，即全局常量。接口中定义的方法默认使用“public abstract”进行修饰，即抽象方法。如果接口声明为 public，那么接口中的变量和方法全部为 public。

与抽象类一样，接口的使用必须通过子类，子类通过 implements 关键字实现接口，并且子类必须实现接口中的所有抽象方法。需要注意的是，一个类可以同时实现多个接口，多个接口之间需要使用英文逗号（,）分隔。

定义接口的实现类，其语法格式如下。

```
修饰符 class 类名 implements 接口 1, 接口 2,…{
    …
}
```

例如，定义一个 Animal 接口，具体要求如下。

（1）定义全局常量 id 和 NAME，抽象方法 shout( )、info( ) 和静态方法 getID( )。

（2）定义一个 Action 接口，在 Action 接口中定义一个抽象方法 eat( )。

（3）定义一个 Dog 类，通过 implements 关键字实现 Animal 接口和 Action 接口，并实现这两个接口中的方法。

（4）使用 Animal 访问 Animal 接口中的静态方法 getID()。

（5）创建 Dog 类的实例对象 dog。

（6）通过对象 dog 访问 Animal 接口和 Action 接口中的常量与抽象方法。

示例代码及运行结果如下。

示例代码：

```
//定义 Animal 接口
interface Animal {
    //定义全局常量
    int ID = 1;
    String NAME = "牧羊犬";
    //定义抽象方法 shout()
    void shout();
    //定义静态方法 getID()
    static int getID(){
        return Animal.ID;
    }
    //定义抽象方法 info()
    public void info();
}
//定义 Action 接口
interface Action {
    //定义抽象方法 eat()
    public void eat();
}
//定义 Dog 类实现 Animal 接口和 Action 接口
class Dog implements Animal,Action{
    //重写 Action 接口中的抽象方法 eat()
    public void eat() {
        System.out.println("喜欢吃骨头");
    }
```

```
        //重写 Animal 接口中的抽象方法 shout( )
        public void shout( ) {
            System.out.println( " 汪汪…… " );
        }
        //重写 Animal 接口中的抽象方法 info( )
        public void info( ) {
            System.out.println( " 名称：" +NAME);
        }
}
//定义测试类
class Example309{
        public static void main(String[ ] args) {
            System.out.println( " 编号 : " +Animal.getID( ));
            //创建 Dog 类的实例对象
            Dog dog = new Dog( );
            dog.info( );
            //调用 Dog 类中重写的 shout( ) 方法
            dog.shout( );
            //调用 Dog 类中重写的 eat( ) 方法
            dog.eat( );
        }
}
运行结果：
编号 :1
名称：牧羊犬
汪汪……
喜欢吃骨头
```

从运行结果可以看出，Dog 类的实例对象可以访问接口中的常量、实现的接口方法以及本类内部的方法，而接口中的静态方法可以直接使用接口名调用。需要注意的是，接口的实现类，必须实现接口中的所有方法，否则程序编译将报错。

第二节 类的封装

一、封装的概念

封装是面向对象的核心思想，它有两层含义，一是指把对象的属性和行为看作一个密不可分的整体，将这两者“封装”在一起，即封装在对象中；二是指“信息隐藏”，将不想让外界知道的信息隐藏起来。

例如，学生的学号等属性和在校学习等行为是密不可分的整体，将其“封装”在一起，可以证明学生的学籍和在读状态。

二、封装的作用

封装的作用在于隐藏对象内部的复杂性、只对外公开简单的接口，便于外界调用，从而提高系统的可扩展性、可维护性。通俗地说，把该隐藏的隐藏起来，把该暴露的暴露出来，这也是封装的设计思想。

例如，定义一个 Student 类，声明 name 和 age 属性，声明 read( ) 方法，没有封装过的示例代码如下。

示例代码：

```
class Student{
    //声明姓名属性
    String name;
    //声明年龄属性
    int age;
    void read( ) {
        System.out.println( " 大家好，我是 " +name+ " ，年龄 " +age);
    }
}
public class Example310{
```

```
public static void main(String[ ] args) {
    // 创建学生对象
    Student stu = new Student( );
    // 为对象的 name 属性赋值
    stu.name = " 张三 " ;
    // 为对象的 age 属性赋值
    stu.age = –18;
    // 调用对象的方法
    stu.read( );
  }
}
```

在上面的示例代码中，将年龄 name 赋值为“–18”岁，不会有任何问题，因为 int 的值可以取负数。但是在现实中，“–18”岁明显是一个不合理的年龄值。为了避免这种错误的发生，在设计 Student 类时，应该对成员变量的访问做出一些限定，不允许外界随意访问，这就需要实现类的封装。

三、封装的使用

在 Java 程序中，可以通过权限控制关键字公有（public）、私有（private）和受保护（protected）实现封装。定义一个类时，将类中的属性私有化，即使用 private 关键字修饰类的属性，被私有化的属性只能在类中被访问。如果外界想要访问私有属性，必须通过相应的 get/set 方法。封装的使用步骤如图 3–2–1 所示。

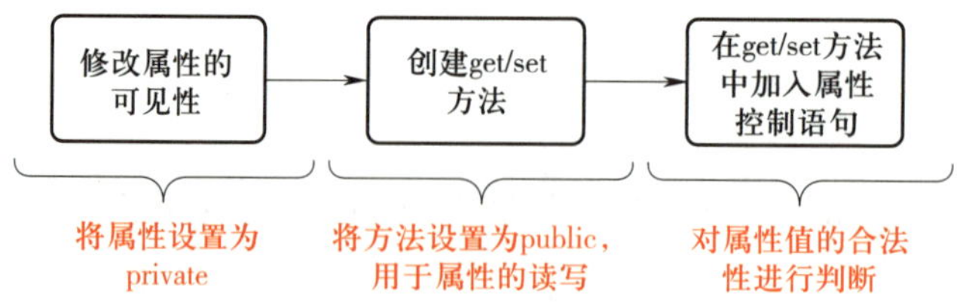

图 3–2–1　封装的使用步骤

1. 修改属性的可见性

使用 private 关键字将属性声明为私有变量，被私有化的属性只能在类中被访问。

例如，定义 Student 类，将属性 name 和 age 声明为私有变量，其示例代码如下。

示例代码：

```
public class Student{
    // 声明私有变量
    private String name;
    // 声明私有变量
    private int age;
}
```

2. 创建 get/set 方法

对每个值属性提供对外的公共访问方法，也就是 get/set 方法，用于对私有属性的访问。

例如，在 Student 类中，定义 getName( ) 方法和 getAge( ) 方法分别用于获取 name 属性和 age 属性的值，setName( ) 方法和 setAge( ) 方法用于设置 name 属性和 age 属性的值，其示例代码如下。

示例代码：

```
public class Student{
    // 声明 name 属性，设为 private
    private String name;
    // 声明 age 属性，设为 private
    private int age;
    // 定义获取 name 属性的方法，设为 public
    public String getName( ) {
        return name;
    }
    // 定义设置 name 属性的方法，设为 public
    public void setName(String name) {
    // 采用 this 关键字是为了防止成员变量和局部变量之间发生同名冲突
```

```
    //左边的 name 是成员变量（对应上面的私有属性 name）
    //右边的 name 是局部变量（对应参数 name）
        this.name = name;
    }
    //定义获取 age 属性的方法，设为 public
    public int getAge( ) {
        return age;
    }
    //定义设置 age 属性的方法，设为 public
    public void setAge(int age) {
        this.age= age;
    }
}
```

3. 在 get/set 方法中加入属性控制语句

在 get/set 方法中加入属性控制语句，对属性值的合法性进行判断，实现封装的保护作用。

例如，在 Student 类中，在 setAge( ) 方法中判断 age 属性的合法性，如果 age 的值小于 0，提示“您输入的年龄有误！”，否则正常设置 age 的值，其示例代码如下。

```
示例代码：
//定义设置 age 属性的方法，设为 public
public void setAge(int age) {
    //对 age 属性的合法性进行判断
    if(age<=0){
        System.out.println( " 您输入的年龄有误! ");
    } else {
        this.age = age;
    }
}
```

封装后的 Student 类的完整示例代码如下。

示例代码：

```
public class Student{
    // 声明 name 属性，设为 private
    private String name;
    // 声明 age 属性，设为 private
    private int age;
    // 定义获取 name 属性的方法，设为 public
    public String getName( ) {
        return name;
    }
    // 定义设置 name 属性的方法，设为 public
    public void setName(String name) {
    // 采用 this 关键字是为了防止成员变量和局部变量之间发生同名冲突
    // 左边的 name 是成员变量（对应上面的私有属性 name）
    // 右边的 name 是局部变量（对应参数 name）
        this.name = name;
    }
    // 定义获取 age 属性的方法，设为 public
    public int getAge( ) {
        return age;
    }
    // 定义设置 age 属性的方法，设为 public
    public void setAge(int age) {
        // 对 age 属性的合法性进行判断
        if(age<=0){
            System.out.println( " 您输入的年龄有误! ");
        } else {
            this.age = age;
        }
    }
```

```
    public void read( ) {
        System.out.println( " 大家好，我是 " +name+ " , 年龄 " +age);
    }
}
public class Example311{
    public static void main(String[ ] args) {
        // 创建学生对象
        Student stu = new Student( );
        // 为对象的 name 属性赋值
        stu.setName( " 张三 " );
        // 为对象的 age 属性赋值
        stu.setAge(-18);
        // 调用对象的方法
        stu.read( );
    }
}
```

第三节 类的继承

一、继承的概念

在现实生活中，继承一般是指子女继承父辈的财产。在 Java 程序中，继承主要描述的是类与类之间的关系。类的继承是指在一个现有类的基础上构建一个新的类，构建的新类被称为子类，现有类被称为父类。子类继承父类的属性和方法，使子类对象具有父类的特征和行为。在 Java 程序中，通过继承，子类可以在无须重新编写父类的情况下，对父类的功能进行扩展。

例如，动物类描述了动物的普通特性和功能。动物包括猫科、犬科等，猫科、犬科不仅具有动物的特性和功能，还具有它们特有的功能，这时可以让猫科类、犬科类继承动物类，再在猫科类中单独添加猫科的特性和方法，在犬科类中单独添加犬科的特性和方法即可。同理，波斯猫和巴厘猫继承自猫科，而沙皮狗和斑点狗继承自犬科。动物类的继承关系如图 3-3-1 所示。

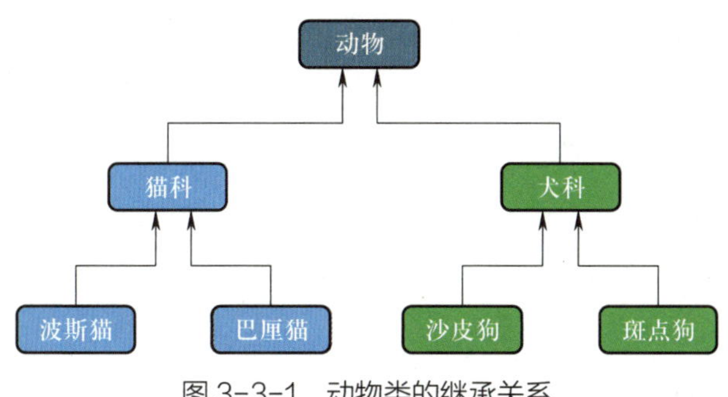

图 3-3-1 动物类的继承关系

二、继承的格式

在 Java 程序中，声明子类继承父类需要使用 extends 关键字，其语法格式如下所示。

```
class 父类 {
    ……
}
class 子类 extends 父类 {
    ……
}
```

例如，定义一个父类 Animal，声明两个成员变量 name 和 age，定义成员变量对应的 get/set 方法，然后定义一个子类 Dog，使用 extends 关键字继承父类 Animal，子类默认继承父类的成员变量和方法。示例代码及运行结果如下。

示例代码：

```
// 定义父类 Animal 类
class Animal {
    private String name;
    private int age;
```

```
        public String getName() {
            return name;
        }
        public void setName(String name) {
            this.name = name;
        }
        public int getAge() {
            return age;
        }
        public void setAge(int age) {
            this.age = age;
        }
}
// 子类 Dog 继承父类 Animal
class Dog extends Animal {
        // 此处不写任何代码
}
// 定义测试类
public class Example312{
        public static void main(String[ ] args) {
            Dog dog = new Dog( );
            // 以下两行访问的方法是父类中的，子类中并没有定义
            dog.setName( " 牧羊犬 " );
            dog.setAge(3);
            System.out.println( " 名称： " +dog.getName( )+ " ， 年龄： " +dog.getAge( ));
        }
}
```

运行结果：

名称：牧羊犬，年龄：3

上述代码中，Dog 类中并没有定义任何操作，而是通过 extends 关键字继承了 Animal 类，成为 Animal 类的子类。从运行结果可以看出，子类虽然没有定义任何属性和方法，但是却能调用父类的方法。这就说明，子类在继承父类时，会自动继承父类的成员。

除了继承父类的属性和方法，子类也可以定义自己的属性和方法，示例代码及运行结果如下。

示例代码：

```
class Dog extends Animal{
      //定义 Dog 自己的 color 属性
       private String color;
       //定义 Dog 自己的 getColor 方法
       public String getColor( ){
            return color;
      }
      //定义 Dog 自己的 setColor 方法
      public void setColor(String color) {
            this.color = color;
      }
}
public class Example313{
     public static void main(String[ ] args) {
          Dog dog = new Dog( );
          dog.setName( " 牧羊犬 " );
          dog.setAge(3);
          dog.setColor( " 黑色 " );
          System.out.print( " 名称： " +dog.getName( )+ " ，年龄： " +dog.getAge( ) " );
          System.out.print( " ，颜色： " +dog.getColor( ));
     }
}
```

运行结果：

名称：牧羊犬，年龄：3，颜色：黑色

上述代码中，Dog 类扩充了 Animal 类，增加了 color 属性、getColor( ) 和 setColor( ) 方法。通过 dog 对象调用 Animal 类和 Dog 类的 set 方法，设置名称、年龄和颜色。由运行结果可知，程序成功地设置并获取了 dog 对象的名称、年龄和颜色。

提示

在 Java 程序中，类的继承需要注意以下问题。

（1）类只支持单继承，不允许多重继承，也就是说一个类只能有一个直接父类，例如，下面这种情况是不合法的。

```
class A{}
class B{}
// C 类不可以同时继承 A 类和 B 类
class C extends A,B{}
```

（2）多个类可以继承一个父类，例如，下面这种情况是允许的。

```
class A{}
// 类 B 和类 C 都可以继承类 A
class B extends A{}
class C extends A{}
```

（3）多层继承是可以的，即一个类的父类可以再继承另外的父类。例如，C 类继承自 B 类，而 B 类又可以继承自 A 类，这时，C 类也可被称作是 A 类的子类。例如下面这种情况是允许的。

```
class A{}
class B extends A{}  // B 类继承 A 类，B 类是 A 类的子类
class C extends B{}  // C 类继承 B 类，同时也是 A 类的子类
```

（4）在 Java 程序中，子类和父类是一种相对概念，一个类可以是某个类的父类，也可以是另一个类的子类。例如，在第（3）种情况中，B 类是 A 类的子类，同时又是 C 类的父类。

在继承中，子类不能直接访问父类中的私有成员；子类可以调用父类中的非私有方法，但是不能调用父类的私有成员。

三、方法的重写

在继承关系中，子类会自动继承父类中定义的方法，但有时在子类中需要对继承的方法进行修改，即对父类的方法进行重写。在子类中重写的方法需要和父类被重写的方法具有相同的方法名、参数列表以及返回值类型，且在子类重写的方法不能拥有比父类方法更加严格的访问权限。

例如，定义一个 Animal 类，并在 Animal 类中定义一个 shout( ) 方法。定义 Dog 类继承 Animal 类，并在 Dog 类中重写父类 Aniaml 的 shout( ) 方法。创建并实例化 Dog 类中的对象 dog，并通过 dog 对象调用 shout( ) 方法。示例代码及运行结果如下。

示例代码：

```
class Animal {
    // 定义动物叫的方法
    void shout( ) {
        System.out.println( " 动物发出叫声 " );
    }
}
// 定义 Dog 类继承动物类
class Dog extends Animal {
    // 重写父类 Animal 中的 shout( ) 方法
    void shout( ) {
        System.out.println( " 汪汪汪…… " );
    }
}
public class Example314{
    public static void main(String[ ] args) {
        // 创建 Dog 类的实例对象
        Dog dog = new Dog( );
        // 调用 dog 重写的 shout( ) 方法
        dog.shout( );
```

```
    }
}
运行结果：
汪汪汪……
```

从运行结果可以看出，dog 对象调用的是子类重写的 shout( ) 方法，而不是父类的 shout( ) 方法。

如果一个类继承了抽象类，那么该子类必须实现抽象类中的全部抽象方法。例如，声明抽象类 Animal，并在 Animal 类中声明抽象方法 shout( )。在子类 Dog 中实现父类 Animal 的抽象方法 shout( )。通过子类的实例化对象调用 shout( ) 方法。示例代码及运行结果如下。

```
示例代码：
// 定义抽象类 Animal
abstract class Animal {
    // 定义抽象方法 shout( )
    abstract void shout( );
}
// 定义 Dog 类继承抽象类 Animal
class Dog extends Animal {
    // 实现抽象方法 shout( )
    void shout( ) {
        System.out.println( " 汪汪…… " );
    }
}
// 定义测试类
public class Example315{
    public static void main(String[ ] args) {
        // 创建 Dog 类的实例对象
        Dog dog = new Dog( );
        // 调用 dog 对象的 shout( ) 方法
        dog.shout( );
```

```
    }
}
运行结果：
汪汪……
```

提示

子类重写父类方法时，不能使用比父类中被重写的方法更严格的访问权限。例如，父类中的方法是 public 权限，子类中的方法就不能是 private 权限。如果子类在重写父类方法时定义的权限缩小，在编译时将出现错误提示。

四、继承中的关键字

1. super 关键字

当子类重写父类的方法后，子类对象将无法访问父类被重写的方法，为了解决这个问题，Java 提供了 super 关键字，super 关键字可以在子类中调用父类的普通属性、方法和构造方法。

（1）访问父类中的成员变量和成员方法

使用 super 关键字访问父类中的成员变量和成员方法的具体格式如下。

```
super. 成员变量
super. 成员方法 ( 参数 1, 参数 2,…)
```

例如，定义 Animal 类，并在 Animal 类中定义 name 属性和 shout( ) 方法。定义 Dog 类并继承 Animal 类。在 Dog 类的 shout( ) 方法中使用“super.shout( )”调用父类中被重写的 shout( ) 方法。在 printName( ) 方法中使用“super.name”访问父类中的成员变量 name。示例代码及运行结果如下。

```
示例代码：
// 定义 Animal 类
class Animal {
    String name = " 牧羊犬 ";
```

```
    //定义动物叫的方法
    void shout( ) {
        System.out.println( " 动物发出叫声 " );
    }
}
//定义 Dog 类继承 Animal 类
class Dog extends Animal {
    //重写父类 Animal 中的 shout( ) 方法，扩大了访问权限
    public void shout( ) {
        //调用父类中的 shout( ) 方法
        super.shout( );
        System.out.println( " 汪汪汪…… " );
    }
    public void printName( ){
        //调用父类中的 name 属性
        System.out.println( " 名字 : " +super.name);
    }
}
//定义测试类
public class Example316{
    public static void main(String[ ] args) {
        //创建 Dog 类的实例对象
        Dog dog = new Dog( );
        //调用 dog 类中重写的 shout( ) 方法
        dog.shout( );
        //调用 Dog 类中的 printName( ) 方法
        dog.printName( );
    }
}
```

运行结果：

```
动物发出叫声
汪汪汪……
名字：牧羊犬
```

从运行结果可以看出，子类通过 super 关键字可以成功访问父类中的成员变量和成员方法。

（2）访问父类中指定的构造方法

子类通过 super 关键字访问父类中指定的构造方法的具体格式如下。

```
super( 参数 1, 参数 2,…)
```

例如，在子类 Dog 中使用 super 关键字调用父类中有两个参数的构造方法，重写父类 Animal 中的 info( ) 方法，实例化一个 Dog 对象并调用 info( ) 方法。示例代码及运行结果如下。

```
示例代码：
// 定义 Animal 类
class Animal {
    private String name;
    private int age;
    public Animal(String name, int age) {
        this.name = name;
        this.age = age;
    }
    public String getName( ) {
        return name;
    }
    public void setName(String name) {
        this.name = name;
    }
    public int getAge( ) {
        return age;
    }
```

```
    public void setAge(int age) {
        this.age = age;
    }
    public String info( ) {
        return " 名称：" +this.getName( )+ " ，年龄：" +this.getAge( );
    }
}
//定义 Dog 类继承动物类
class Dog extends Animal {
    private String color;
    public Dog(String name, int age, String color) {
        super(name, age);
        this.setColor(color);
    }
    public String getColor( ) {
        return color;
    }
    public void setColor(String color) {
        this.color = color;
    }
    //重写父类的 info( ) 方法
    public String info( ) {
        //扩充父类中的方法
        return super.info( )+ " ，颜色：" +this.getColor( );
    }
}
//定义测试类
public class Example317{
public static void main(String[ ] args) {
    //调用了有参构造函数，创建了 Dog 类的实例对象
```

```
    Dog dog = new Dog( " 牧羊犬 ",3, " 黑色 " );
    System.out.println(dog.info( ));
  }
}
```

运行结果：

名称：牧羊犬，年龄：3，颜色：黑色

由运行结果可知，程序输出的内容是在子类中定义的内容。这说明，如果在子类中重写了父类的 info( ) 方法，使用子类的实例化对象调用 info( ) 方法时，会优先调用子类中的 info( ) 方法。

2. final 关键字

final 的英文意思是“最终”。在 Java 程序中，可以使用 final 关键字声明类、属性和方法，在声明时需要注意以下几点。

（1）使用 final 修饰的类不能有子类

如果某个类不希望被其他类继承，可以将其声明为 final。

例如，有一个 Shape 类代表各种形状，这个类的设计已经完备，不希望被其他类继承，可以将 Shape 类声明为 final。示例代码如下。

示例代码：

```
final class Shape{
    // 类的成员和方法（略）
}
```

Shape 类被声明为 final 后，其他类将无法继承它，如果有其他类试图继承它，将会直接导致编译错误。示例代码如下。

示例代码：

```
// 下面的代码会导致编译错误
 class Circle extends Shape {
    // Circle 类的成员和方法（略）
}
```

（2）使用 final 修饰的方法不能被子类重写

如果类的某个成员方法不希望在子类中被重写，可以将其声明为 final。

例如，有一个 Vehicle 类，其中有一个 drive( ) 方法表示驾驶该交通工具。这个 drive( ) 方法的实现已经完备，不希望在子类中被重写。可以将 drive( ) 方法声明为 final。其示例代码如下。

示例代码：

```
class Vehicle {
    // 其他成员和方法（略）
    final void drive( ) {
        // 驾驶的实现
    }
}
```

这样做以后，任何继承 Vehicle 类的子类都无法重写 drive( ) 方法，否则会导致编译错误。其示例代码如下。

示例代码：

```
class Car extends Vehicle {
    // 下面的代码会导致编译错误
    void drive( ) {
        // Car 类的驾驶的实现
    }
}
```

（3）使用 final 修饰的变量（成员变量和局部变量）不可修改

在 Java 程序中，被 final 修饰的变量视为常量，常量只能在声明时被赋值一次，在后面的程序中其值不能被改变。如果再次对该常量赋值，程序会在编译时报错。

例如，有一个 Circle 类表示圆形，其中包含一个成员变量 PI 代表圆周率。希望确保 PI 的值在整个程序中都不会被修改，可以使用 final 修饰它。其示例代码如下。

示例代码：

```
class Circle {
    // 成员变量 PI 的值不可修改
    final double PI = 3.141592653589793;
```

```
    // 其他成员和方法（略）
}
```

无论在 Circle 类内部还是外部，任何尝试修改 PI 值的操作都会导致编译错误。示例代码如下。

示例代码：

```
public class Example318{
public static void main(String[ ] args) {
    Circle circle = new Circle( );
    // 无法修改常量 PI 的值，下面的代码会导致编译错误
    circle.PI = 3.14;
}
```

提示

在使用 final 关键字声明变量时，要求全部字母大写。如果一个程序中的变量使用 public static final 声明，此变量将成为全局变量，如下所示编码中的“NAME”要大写。

public static final String NAME =“哈士奇”；

第四节　类的多态

一、多态的概念

多态也是面向对象思想中非常重要的概念。在 Java 程序中，多态是指不同对象在调用同一个方法时表现出的多种不同行为。

例如，要实现一个动物叫的方法，由于每种动物的叫声是不同的，因此可以在方法中接收一个动物类型的参数，当传入猫类对象时就发出猫类的叫声，当传入犬类对象时就发出犬类的叫声。

二、多态的实现

在 Java 程序中，多态主要通过方法重载和方法重写两种方式来实现。

1. 方法重载

方法重载是指在一个类中，定义两个或两个以上的方法，使它们名字相同，而参数不同，在 Java 程序中，主要用于构造方法的重载，在创建对象时，通过调用不同的构造方法实例化出不同的对象，为不同的属性赋值。

例如，定义一个 Student 类，默认构造方法 Student( )，再将构造方法重载，添加 Student (String name) 和 Student(String name, int age) ，分别使用三种不同的构造方法实例化三个对象 s1、s2、s3，其示例代码及运行结果如下。

示例代码：

```
// Student 类
public class Student{
    private String name;
    private int age;
    // 默认构造函数，第一个构造函数
    public Student( ){
        System.out.println( " 构造函数 1 " );
    }
    // 添加了一个参数，重载了构造函数
    public Student(String name) {
        this.name = name;
        System.out.println( " 构造函数 2， " + " 我叫 " +name);
    }
    // 添加了两个参数，重载了构造函数
    public Student(String name, int age) {
        this.name = name;
        this.age = age;
```

```
        System.out.println( " 构造函数 3，  " + " 我叫 " +name+ " ，年龄 " +age);
    }
}
//测试类
class Example319{
    public static void main(String[ ] args) {
        //第一个构造函数
        Student s1 = new Student( );
        //第二个构造函数
        Student s2 = new Student( " Alice " );
        //第三个构造函数
        Student s3= new Student( " Bob " , 20);
    }
}
运行结果:
构造函数 1
构造函数 2，我叫 Alice
构造函数 3，我叫 Bob，年龄 20
```

由运行结果可以看出，在创建 s1、s2 和 s3 对象时，根据传入参数个数不同，s1 调用的是没有参数的构造方法，s2 调用的是只有一个参数的构造方法，s3 调用的是有两个参数的构造方法。还可以通过调用不同的构造方法为不同的属性赋值，可以实例出三个不同的 Student 对象。

2. 方法重写

方法重写是指在子类中定义与父类中名称相同、返回值类型相同、参数列表相同的方法，只是方法体中的实现不同，以实现不同于父类的功能。当父类中的方法无法满足子类需求或子类具有特有功能时，需要进行方法重写。

例如，有一个 Animal 类，其中有一个 move( ) 方法，说明动物可以移动，定义 Dog 类继承 Animal 类，将 move( ) 方法重写，具体说明狗可以跑和走，其示例代码及运行结果如下。

示例代码：

```
class Animal{
    public void move( ){
        System.out.println( " 动物可以移动 " );
    }
}
class Dog extends Animal{
    public void move( ){
        System.out.println( " 狗可以跑和走 " );
    }
}
public class Example320{
    public static void main(String args[ ]){
        Animal b = new Dog( ); // Dog 对象
        b.move( );             // 执行 Dog 类的方法
    }
}
```

运行结果：

狗可以跑和走

如果需要在子类中调用父类中被重写的方法，需要使用 super 关键字，其示例代码及运行结果如下。

示例代码：

```
class Animal{
    public void move( ){
        System.out.println( " 动物可以移动 " );
    }
}
class Dog extends Animal{
    public void move( ){
```

```
        // 使用 super 调用父类的 move 方法
        super.move( );
        System.out.println( " 狗可以跑和走 " );
    }
}
public class Example321{
    public static void main(String args[ ]){
        Animal b = new Dog( );
        b.move( );
    }
}
运行结果：
动物可以移动
狗可以跑和走
```

从运行结果可以看出，子类 dog 中先使用 super 关键字调用了父类的 move( ) 方法，然后输出了自己的内容。

实训案例 3　学生信息管理

一、案例要求

使用 Eclipse 编写一个简单的学生信息管理系统，具备增、删、改、查等功能。控制台输出如下。

```
欢迎使用学生信息管理系统！
1. 添加学生
2. 删除学生
3. 修改学生
```

4. 查看学生
5. 退出系统
请选择操作：

能实现的功能如下。

1. 添加学生

（1）用户可以通过键盘输入学生信息，包括学号、姓名、年龄等。

（2）程序将输入的信息保存为学生对象，并将其添加到系统中。

2. 删除学生

（1）用户可以通过键盘输入要删除的学生的学号。

（2）程序将根据输入的学号查找对应的学生对象，并将其从系统中删除。

3. 修改学生

（1）用户可以通过键盘输入要修改的学生的学号。

（2）程序将根据输入的学号查找对应的学生对象，并提供修改选项，如修改姓名、年龄等。

4. 查看学生

（1）用户可以查看系统中所有学生的信息。

（2）程序将遍历系统中的学生对象，并将它们的信息展示给用户。

5. 退出系统

用户可以选择退出系统，结束程序执行。

二、案例分析

1. 添加学生

（1）用户输入学生信息后，程序将创建一个学生对象并将其添加到系统中。

（2）使用集合类（如 ArrayList）来存储学生对象，以便后续查看、删除和修改操作。

2. 删除学生

（1）用户输入要删除的学生的学号后，程序将在系统中查找对应的学生对象，并将其从集合中移除。

（2）可以使用学生对象的学号作为唯一标识来进行查找和删除操作。

3. 修改学生

（1）用户输入要修改的学生的学号后，程序将在系统中查找对应的学生对象，并提供修改选项。

（2）可以使用学生对象的学号来查找对应的学生对象，然后允许用户修改学生对象的属性。

4. 查看学生

（1）程序将遍历系统中的学生对象，并将它们的信息展示给用户。

（2）可以使用循环遍历集合中的学生对象，并将它们的信息打印输出。

5. 退出系统

（1）用户可以选择退出系统，程序将结束执行。

（2）可以使用循环结构来实现系统的持续运行，直到用户选择退出。

通过以上分析，可以设计一个简单而功能完善的学生信息管理系统，在用户友好的界面下实现学生信息的增、删、改、查等操作。

三、案例实现

1. 创建 Java 项目

启动 Eclipse，在打开的 Eclipse 窗口中，依次单击“文件”“新建”“Java 项目”选项，在弹出的“新建 Java 项目”对话框中输入项目名为“stu_info”。

2. 在项目下创建包

依次单击“文件”“新建”“包”选项，在弹出的“新建 Java 包”对话框中输入包名称为

“com.czjsy.stu_info”。

3. 创建 Java 类

依次单击“文件”“新建”“类”选项，分别创建 Student 类（见图 3-4-1）和 StudentManager 类（见图 3-4-2）。

图 3-4-1　创建 Student 类

图 3-4-2　创建 StudentManager 类

4. 编写程序代码

（1）编写 Student 类

Student 类的示例代码如下。

示例代码：

```
package com.czjsy.stu_info;
// 创建一个名为 Student 的 Java 类表示学生对象
public class Student {
    private String id;
    private String name;
```

```
private int age;
// 构造方法
public Student(String id, String name, int age) {
    this.id = id;
    this.name = name;
    this.age = age;
}
// Getter 和 Setter 方法
public String getId() {
    return id;
}
public void setId(String id) {
    this.id = id;
}
public String getName() {
    return name;
}
public void setName(String name) {
    this.name = name;
}
public int getAge() {
    return age;
}
public void setAge(int age) {
    this.age = age;
}
// 重写 toString 方法，用于打印学生信息
@Override
public String toString() {
    return "学号：" + id + ", 姓名：" + name + ", 年龄：" + age;
```

```
    }
}
```

（2）编写 StudentManager 类

StudentManager 类的示例代码如下。

示例代码：

```
package com.czjsy.stu_info;
import java.util.ArrayList;
import java.util.Scanner;
public class StudentManager {
    public static void main(String[ ] args) {
        // 创建存储学生对象的集合
        ArrayList<Student> studentList = new ArrayList<>( );
        Scanner scanner = new Scanner(System.in);
        while (true) {
            System.out.println( " 欢迎使用学生信息管理系统! ");
            System.out.println( " 1. 添加学生 " );
            System.out.println( " 2. 删除学生 " );
            System.out.println( " 3. 修改学生 " );
            System.out.println( " 4. 查看学生 " );
            System.out.println( " 5. 退出系统 " );
            System.out.print( " 请选择操作： " );
            int choice = scanner.nextInt( );
            // 消耗掉输入缓冲区的换行符
            scanner.nextLine( );
            switch (choice) {
                case 1:
                    addStudent(studentList, scanner);
                    break;
                case 2:
```

```
                deleteStudent(studentList, scanner);
                break;
            case 3:
                updateStudent(studentList, scanner);
                break;
            case 4:
                viewStudents(studentList);
                break;
            case 5:
                System.out.println( " 感谢使用，再见! ");
                System.exit(0); // 退出程序
                break;
            default:
                System.out.println( " 输入有误，请重新输入! ");
        }
    }
}
// 添加学生方法
public static void addStudent(ArrayList<Student> studentList, Scanner scanner) {
    System.out.println( " 请输入学生信息：" );
    System.out.print( " 学号： " );
    String id = scanner.nextLine( );
    System.out.print( " 姓名： " );
    String name = scanner.nextLine( );
    System.out.print( " 年龄： " );
    int age = scanner.nextInt( );
    scanner.nextLine( );
    Student student = new Student(id, name, age);
    studentList.add(student);
    System.out.println( " 学生信息添加成功! ");
}
```

```
// 删除学生方法
public static void deleteStudent(ArrayList<Student> studentList, Scanner scanner) {
    System.out.print( " 请输入要删除的学生学号：" );
    String id = scanner.nextLine( );
    boolean found = false;
    for (Student student : studentList) {
        if (student.getId( ).equals(id)) {
            studentList.remove(student);
            found = true;
            break;
        }
    }
    if (found) {
        System.out.println( " 学生信息删除成功! ");
    } else {
        System.out.println( " 未找到该学生! ");
    }
}
// 修改学生方法
public static void updateStudent(ArrayList<Student> studentList, Scanner scanner) {
    System.out.print( " 请输入要修改的学生学号：" );
    String id = scanner.nextLine( );
    boolean found = false;
    for (Student student : studentList) {
        if (student.getId( ).equals(id)) {
            System.out.println( " 当前学生信息为：" + student);
            System.out.print( " 请输入新的姓名：" );
            String name = scanner.nextLine( );
            System.out.print( " 请输入新的年龄：" );
            int age = scanner.nextInt( );
```

```
                scanner.nextLine( );
                student.setName(name);
                student.setAge(age);
                found = true;
                System.out.println( " 学生信息修改成功! ");
                break;
            }
        }
        if (!found) {
            System.out.println( " 未找到该学生! ");
        }
    }
    // 查看学生方法
    public static void viewStudents(ArrayList<Student> studentList) {
        if (studentList.isEmpty( )) {
            System.out.println( " 暂无学生信息! ");
        } else {
            System.out.println( " 学生信息如下： ");
            for (Student student : studentList) {
                System.out.println(student);
            }
        }
    }
}
```

提示

在 Java 程序中学生对象有多种存储方式，常见的有数组、集合类和 Map。集合类适合动态调整，增、删、改、查操作灵活。常用的集合类包括 ArrayList、LinkedList 和 HashSet。其中，ArrayList 相当于动态数组，适用于需要动态管理数据集合并且要求快速访问、插入、删除的场景。针对学生管理系统的需求，ArrayList 是合适的选择。

5. 运行程序

单击 Eclipse 窗口中的“运行”按钮运行程序，运行结果如图 3-4-3 所示。

```
学号：002
姓名：shen2
年龄：16
学生信息添加成功！
欢迎使用学生信息管理系统！
1. 添加学生
2. 删除学生
3. 修改学生
4. 查看学生
5. 退出系统
请选择操作：4
学生信息如下：
学号：001，姓名：shen1，年龄：15
学号：002，姓名：shen2，年龄：16
欢迎使用学生信息管理系统！
1. 添加学生
2. 删除学生
3. 修改学生
4. 查看学生
5. 退出系统
请选择操作：
```

图 3-4-3　运行结果

第四章　Java 常用类库

类库是一组预先编写好的类的集合，这些类为用户提供各种常用的功能。应用程序编程接口（application programming interface，API）是类库提供的一种接口，它允许调用类库中的方法来实现特定的功能。

Java 程序中拥有丰富的类库，其中最常用的类库见表 4-0-1。

表 4-0-1　最常用的类库

类库	功能
java.lang 包	Java 的核心包，包含了 Java 语言的基础类，如 String、Math、System 等
java.util 包	提供大量的实用工具类，如集合类（List、Set、Map 等）、日期处理类（Date、Calendar 等）以及随机数生成器等
java.io 包	主要用于输入、输出操作，包括文件读写、网络通信等
java.net 包	提供网络编程的 API，如 URL、Socket 等

类库的内容有很多，无法一一列举，本章主要讲述常用的字符串类、System 类、Runtime 类、Math 类、Random 类和日期时间类的常用方法及作用。

第一节　字符串类

Java 程序中定义了三个封装字符串的类，分别是 String、StringBuffer 和 StringBuilder，它们位于 java.lang 包中，并提供一系列操作字符串的方法，这些方法不需要导入包就可以直接使用。

一、常用字符串类

1. String 类

字符串广泛应用于 Java 编程中，String 类是 Java 提供的用来创建和操作字符串的类。在

Java 程序中，使用双引号（""）引起来的任意字符都是 String 对象，例如，"Hello" " 大家好 " "666"，这是三个 String 对象。java 中规定，双引号引起来的字符串是不可变的，即字符串是常量。String 类主要有以下特点。

（1）String 对象是不可变的，意味着一旦创建，它们的值就无法更改。

（2）如果尝试修改一个 String 对象，会创建一个新的 String 对象，而不是修改现有的对象，这种不可变性确保了线程安全。

（3）字符串连接涉及创建新的字符串对象，对于大型操作系统可能会降低效率。

2. StringBuffer 类

StringBuffer 类是 Java 编程中的一个字符串缓冲区，它可以动态地修改字符串的内容，即在原有的字符串上添加、删除、修改字符，是可变字符串。StringBuffer 类的实例可以被多次修改。StringBuffer 类主要有以下特点。

（1）StringBuffer 类是可变的，可以在原字符串的基础上进行修改。

（2）StringBuffer 类的所有方法都是同步的，因此多线程环境下可以安全地使用。

（3）当字符串长度超过缓冲区容量时，StringBuffer 类会自动增加容量，避免频繁扩容。

3. StringBuilder 类

StringBuilder 类和 StringBuffer 类一样，可以对字符串进行修改。StringBuilder 类主要有以下特点。

（1）StringBuilder 类也是可变的，类似于 StringBuffer 类，但它的线程不一定安全。

（2）由于不进行同步，所以它比 StringBuffer 类更快，适用于单线程场景下需要更高性能的情况。

（3）在不需要线程安全时常使用 StringBuilder 类。

4. 三者之间的区别

String 类、StringBuffer 类和 StringBuilder 类都是 Java 程序中用于处理字符串的类，它们之间有一些区别，见表 4-1-1。

总之，这三个特性上存在明显差异，在实际编程中应根据具体需求选择使用。在需要不可变性时常使用 String 类，在需要线程安全时常使用 StringBuffer 类，在不需要线程安全且需要更好的性能时常使用 StringBuilder 类。

表 4-1-1　String 类、StringBuffer 类和 StringBuilder 类的区别

类名称	对象可变	线程安全	操作效率
String		√	低
StringBuffer	√	√	较低
StringBuilder	√		高

二、String 类的常见操作

1. 初始化

（1）使用字符串常量初始化字符串对象

由于 String 类比较常用，在 Java 程序中，可以使用字符串常量初始化一个 String 对象，其示例代码如下。

示例代码：

```
String str1 = "abc";
```

以上示例代码中的 str1 为 String 对象，“abc”为字符串常量。

（2）使用 String 类的构造方法初始化字符串对象

String 类的常见构造方法见表 4–1–2。

表 4-1-2　String 类的常见构造方法

构造方法	功能说明
String( )	创建一个内容为空的字符串
String（String value）	根据指定的字符串内容创建对象
String（char[ ] value）	根据指定的字符数组创建对象
String（byte[ ] bytes）	根据指定的字节数组创建对象

例如，创建 4 个字符串，名称分别为 str1、str2、str3、str4。str1 为空字符串；str2 的内容为“Welcome to Java!”；str3 的内容为 char 类型字符数组 charArray 中的内容；str4 的内容为 byte 类型的字节数组 arr 中的内容。示例代码及运行结果如下。

示例代码：

```
public class Example401 {
    public static void main(String[ ] args){
        // 创建一个空的字符串
        String str1 = new String( );
        // 创建一个内容为“Welcome to Java!”的字符串
        String str2 = new String( "Welcome to Java!" );
        // 创建一个内容为字符数组的字符串
        char[ ] charArray = new char[ ] { 'A', 'B', 'C' };
        String str3 = new String(charArray);
        // 创建一个内容为字节数组的字符串
        byte[ ] arr = {97,98,99};
        String str4 = new String(arr);
        System.out.println( "Hello" + str1 + "!" );
        System.out.println(str2);
        System.out.println(str3);
        System.out.println(str4);
    }
}
```

运行结果：

```
Hello!
Welcome to Java!
ABC
abc
```

由运行结果可知，str3 的内容为字符数组中的字符拼接成的字符串，str4 中的内容为字节数组中的数据对应的 ASCII 码字符拼接成的字符串。

2. 字符串的获取

在 Java 程序中，经常需要对字符串进行获取操作，例如，获取字符串长度、获取指定位置的字符等。String 类提供了字符串常用的获取方法，可以很方便地获取字符串的长度、指定位置的字符以及指定字符和字符串的位置。String 类提供的字符串获取的常用方法见表 4-1-3。

表 4-1-3 String 类提供的字符串获取的常用方法

常用方法	功能说明
length()	返回字符串长度
charAt(位置)	返回字符串“位置”上的字符
indexOf(字符)	返回“字符”在字符串中第一次出现的位置
lastIndexOf(字符)	返回“字符”在字符串中最后一次出现的位置
indexOf(子字符串)	返回“子字符串”在字符串中第一次出现的位置
lastIndexOf(子字符串)	返回“子字符串”在字符串中最后一次出现的位置

例如，创建一个名称为 s 的 String 字符串，并为其赋值“Hello Hello World!”，输出该字符串长度、字符串中第一个字符的内容、字符 o 第一次出现的位置、字符 o 最后一次出现的位置、子字符串 lo 第一次出现的位置和子字符串 lo 最后一次出现的位置。示例代码及运行结果如下。

示例代码：

```
public class Example402 {
    public static void main(String[ ] args) {
    String s = "Hello Hello World!"; // 定义字符串 s
            System.out.println( " 字符串长度：" + s.length( ));
            System.out.println( " 第一个字符：" + s.charAt(0));
            System.out.println( " 字符 o 第一次出现的位置：" + s.indexOf( 'o' ));
            System.out.print( " 字符 o 最后一次出现的位置：");
            System.out.println(s.lastIndexOf( 'o' ));
            System.out.println( " 字符串 lo 第一次出现的位置：" + s.indexOf( "lo" ));
            System.out.println( " 字符串 lo 字符串最后一次出现的位置："+
            s.lastIndexOf( "lo" ));
    }
}
```

运行结果：

```
字符串长度：18
第一个字符：H
字符 o 第一次出现的位置：4
```

字符 o 最后一次出现的位置：13
字符串 lo 第一次出现的位置：3
字符串 lo 字符串最后一次出现的位置：9

3. 字符串的转换

在 Java 程序中，经常需要对字符串进行转换操作。例如，将字符串转换为数组的形式，对字符串中的字符进行大小写转换等。String 类提供的字符串转换的常用方法见表 4-1-4。

表 4-1-4　String 类提供的字符串转换的常用方法

常用方法	功能说明
toCharArray( )	将一个字符串转换为一个字符数组
valueOf( )	将一个 int 类型的整数 i 转换为字符串
toUpperCase( )	将字符串中的字符都转换为大写
toLowerCase( )	将字符串中的字符都转换为小写
valueOf( )	通过重载的形式，int、float、double、char 等基本类型的数据都可以通过 valueOf( ) 方法转换为 String 字符串类型

例如，将一个字符串“Abc”转换为一个字符数组，将一个 int 类型的整数“123”转换为字符串，将字符串“Abc”中的字符都转换为大写，将字符串“Abc”中的字符都转换为小写。示例代码及运行结果如下。

示例代码：

```
public class Example403 {
    public static void main(String[ ] args) {
        String str = "Abc";
        System.out.print(" 将字符串转换为字符数组后的结果 :");
        // 将字符串转换为字符数组
        char[ ] charArray = str.toCharArray( );
        for (int i = 0; i < charArray.length; i++) {
            if (i != charArray.length - 1) {
                // 如果不是数组的最后一个元素，在元素后面加逗号
```

```
                System.out.print(charArray[i] + ",");
            } else {
                // 数组中的最后一个元素后面不加逗号
                System.out.println(charArray[i]);
            }
        }
        System.out.println(" 将 int 值转换为 String 类型之后的结果：" +
        String.valueOf(123));
        System.out.println(" 将字符串转换为大写之后的结果：" +
        str.toUpperCase( ));
        System.out.println(" 将字符串转换为小写之后的结果：" +
        str.toLowerCase( ));
    }
}
```

运行结果：

将字符串转换为字符数组后的结果：A,b,c

将 int 值转换为 String 类型之后的结果：123

将字符串转换为大写之后的结果：ABC

将字符串转换为小写之后的结果：abc

4. 字符串的替换和去除空格

在 Java 程序中，String 类提供了 replace( ) 和 trim( ) 方法进行字符串的替换和去除空格操作。其中，replace( ) 方法用新字符替换字符串中出现的所有要替换的字符，并返回替换后的新字符串。trim( ) 方法删除字符串的头尾空白符，返回删除头尾空白符的字符串。

例如，有一个名称为 s 的字符串，内容为“Hello Java！”。使用 replace( ) 方法将字符串 s 中的“Java”替换为“World”，并使用 trim( ) 方法去除字符串两端的空格。示例代码及运行结果如下。

示例代码：

```
public class Example404 {
    public static void main(String[ ] args) {
```

```
        String s = " Hello Java！  ";
        // 字符串替换操作
        System.out.println(" 将 Java 替换成 World 的结果：" +
        s.replace("Java", "World"));
        // 字符串去除空格操作
        System.out.println(" 去除字符串两端空格后的结果：" + s.trim( ));
    }
}
运行结果：
将 Java 替换成 World 的结果：Hello World！
去除字符串两端空格后的结果：Hello Java！
```

5. 字符串的判断

在 Java 程序中，对字符串进行操作时，经常需要对字符串进行一些判断，例如，判断字符串是否以指定的字符串开始或结束，是否包含指定的字符串，字符串是否为空等。String 类提供的字符串判断的常用方法见表 4-1-5。

表 4-1-5　String 类提供的字符串判断的常用方法

常用方法	功能说明
startsWith( )	判断是否以某字符串开头
endsWith( )	判断是否以某字符串结尾
contains( )	判断是否包含某字符串
isEmpty( )	判断字符串是否为空
equals( )	判断两个字符串是否相等

例如，声明两个字符串 s1 和 s2，s1 的内容为“MyString”，s2 的内容为“Str”。判断 s1 是否以字符串“Str”开头，是否以字符串“ing”结尾，是否包含字符串 s2，字符串是否为空，s1 和 s2 两个字符串是否相等。示例代码及运行结果如下。

```
示例代码：
public class Example405 {
```

```
    public static void main(String[ ] args) {
        String s1 = "MyString";
        String s2 = "Str";
        System.out.println(" 判断 s1 是否以字符串 Str 开头：" +s1.startsWith("Str"));
        System.out.println(" 判断 s1 是否以字符串 ing 结尾：" + s1.endsWith("ing"));
        System.out.println(" 判断 s1 是否包含字符串 s2：" + s1.contains(s2));
        System.out.println(" 判断 s1 字符串是否为空：" + s1.isEmpty( ));
        System.out.println(" 判断两个字符串是否相等 " + s1.equals(s2));
    }
}
```

运行结果：

```
    判断 s1 是否以字符串 Str 开头：false
    判断 s1 是否以字符串 ing 结尾：true
    判断 s1 是否包含字符串 s2：true
    判断 s1 字符串是否为空：false
    判断两个字符串是否相等 false
```

6. 字符串的截取和分割

在 Java 程序中，对字符串进行操作时，有时需要对字符串进行截取或分割。String 类提供 substring( ) 方法用于截取字符串的一部分，split( ) 方法用于将字符串按照某个字符进行分割。

例如，字符串 str 的内容为“000-111-222”，截取字符串中第 5 到第 7 个字符，截取第 9 个之后的所有字符，将 str 字符串按符号“-”进行分割。示例代码及运行结果如下。

示例代码：

```
public class Example406 {
        public static void main(String[ ] args) {
            String str = "000-111-222";
            // 下面是字符串截取操作
            System.out.println(" 从第 5 个字符截取到第 7 个字符的结果：" + str.substring
(4, 7));
```

```
        System.out.println(" 从第 9 个字符截取到末尾的结果：" + str.substring(8));
        // 下面是字符串分割操作
        System.out.print(" 分割后的字符串数组中的元素依次为：");
    // 将字符串按 "-" 分割
        String[ ] strArray = str.split("-");
        for (int i = 0; i < strArray.length; i++) {
            if (i != strArray.length - 1) {
        // 如果不是数组的最后一个元素，在元素后面加逗号
                System.out.print(strArray[i] + ",");
            } else {
                // 数组的最后一个元素后面不加逗号
                System.out.println(strArray[i]);
            }
        }
    }
}
```

运行结果：

从第 5 个字符截取到第 7 个字符的结果：111

从第 9 个字符截取到末尾的结果：222

分割后的字符串数组中的元素依次为: 000，111，222

由运行结果可知，给 str.substring( ) 方法传入参数 4 和 7，即 str.substring(4,7)，表示从第 5 个字符截取到第 7 个字符，因为第一个参数的取值范围为 0 ~ str.length( )-1；str.substring(8) 即传入参数 8，表示从字符串的第 9 个字符截取到末尾。使用 split( ) 方法可以将字符串以符号“-”进行分割，然后将分割后的字符串数组命名为 strArray，最后在 for 循环中使用 if 条件语句判断元素是否为最后一个元素，若不是最后一个元素则在该元素末尾添加“，”。

三、StringBuffer 类的常见操作

StringBuffer 类处理字符串的常见操作主要包括字符串的添加、删除和修改。

1. 字符串的添加

在 Java 程序中，StringBuffer 类提供不同的方法向字符串中添加内容。其中，append( ) 方法用于将指定的字符串追加到当前 StringBuffer 对象的末尾，insert( ) 方法用于在指定的位置插入指定的字符串。

例如，在字符串“Hello”的末尾添加“ World”，然后在“Hello”后面插入逗号。示例代码及运行结果如下。

示例代码：

```
public class Example407 {
        public static void main(String[ ] args) {
        StringBuffer sBuffer = new StringBuffer("Hello");
        // 将字符串 " World" 追加到字符串 "Hello" 的末尾
        sBuffer.append(" World");
        // 输出字符串 "Hello World"
        System.out.println(sBuffer.toString( ));
        // 在索引 5 处插入逗号
        sBuffer.insert(5, ",");
        // 输出字符串 "Hello, World"
        System.out.println(sBuffer.toString( ));
    }
}
```

运行结果：

```
Hello World
Hello, World
```

2. 字符串的删除

在 Java 程序中，StringBuffer 类提供不同的方法来删除字符串中的内容。其中，delete( ) 方法用于删除指定范围内的字符，deleteCharAt( ) 方法用于删除指定位置的字符。

例如，字符串 sBuffer 的内容为“Hello World”，删除索引 5 到 10 的字符，再删除索引 0 处的字符。示例代码及运行结果如下。

示例代码：

```
public class Example408 {
    public static void main(String[ ] args) {
        StringBuffer sBuffer= new StringBuffer("Hello World");
        // 删除索引 5 到 10 的字符
        sBuffer.delete(5, 11);
        // 输出字符串 "Hello"
        System.out.println(sBuffer.toString( ));
        // 删除索引 0 处的字符 “H”
        sBuffer.deleteCharAt(0);
        // 输出字符串 "ello"
        System.out.println(sBuffer.toString( ));
    }
}
```

运行结果：

```
Hello
ello
```

3. 字符串的修改

在 Java 程序中，StringBuffer 类还提供了修改字符串内容的方法。其中，replace( ) 方法用指定字符串替换当前字符串的指定范围内的字符，Reverse( ) 方法用于反转当前字符串，setCharAt( ) 方法将指定索引处的字符设置为指定的字符。

例如，字符串 sBuffer 的内容为“Hello World”，将 str 中的索引 6 到 10 的字符串替换为“Java”，再将 str 反转，将索引为 1 处的字符修改为“a”。示例代码及运行结果如下。

示例代码：

```
public class Example409 {
    public static void main(String[ ] args) {
        StringBuffer sBuffer= new StringBuffer("Hello World");
        // 将索引 6 到 10 的字符串替换
```

```
        sBuffer.replace(6, 11, "Java");
        // 输出字符串 "Hello Java"
        System.out.println(sBuffer.toString( ));
        // 反转字符串
        sBuffer.reverse( );
        // 输出字符串 "avaJ olleH"
        System.out.println(sBuffer.toString( ));
        // 将索引为 1 处的字符修改为 "a"
        sBuffer.setCharAt(1, 'a');
        // 输出字符串 "aaaJ olleH"
        System.out.println(sBuffer.toString( ));
    }
}
```

运行结果：

```
Hello Java
avaJ olleH
aaaJ olleH
```

四、StringBuilder 类的常见操作

StringBuilder 类和 StringBuffer 类的常见操作类似，它们之间的最大不同在于 StringBuilder 类的方法不是线程安全的，即不能同步访问。由于 StringBuilder 类相较于 StringBuffer 类有速度优势，所以多数情况下建议使用 StringBuilder 类。StringBuilder 类处理字符串的方法主要包括字符串的添加、删除和修改三类。

1. 字符串的添加

在 Java 程序中，StringBuilder 类的 append( ) 方法用于将指定的字符串追加到当前 StringBuilder 对象的末尾，insert( ) 方法用于在指定的位置插入指定的字符串。

例如，在字符串“Hello”的末尾添加“World”，然后在字符串“Hello”后面插入逗号。示例代码及运行结果如下。

示例代码：

```
public class Example410 {
    public static void main(String[ ] args) {
        StringBuilder sBuilder = new StringBuilder("Hello");
        // 将字符串 "World" 追加到末尾
        sBuilder.append(" World");
        // 输出字符串 "Hello World"
        System.out.println(sBuilder.toString( ));
        // 在索引 5 处插入逗号
        sBuilder.insert(5, ",");
        // 输出 Hello, World
        System.out.println(sBuilder.toString( ));
    }
}
```

运行结果：

```
Hello World
Hello, World
```

2. 字符串的删除

在 Java 程序中，StringBuilder 类的 delete( ) 方法用于删除指定范围内的字符，deleteCharAt( ) 方法用于删除指定位置的字符。

例如，字符串 sBuilder 的内容为“Hello World”，删除字符串索引 5 到 10 的字符，再删除字符串索引 0 处的字符。示例代码及运行结果如下。

示例代码：

```
public class Example411{
    public static void main(String[ ] args) {
        StringBuilder sBuilder = new StringBuilder ("Hello World");
        // 删除索引 5 到 10 的字符
        sBuilder.delete(5, 11);
        // 输出字符串 "Hello"
```

```
        System.out.println(sBuilder.toString( ));
        // 删除索引 0 处的字符 "H"
        sBuilder.deleteCharAt(0);
        // 输出字符串 "ello"
        System.out.println(sBuilder.toString( ));
    }
}
```

运行结果：

Hello

ello

3. 字符串的修改

在 Java 程序中，StringBuilder 类的 replace( ) 方法用指定字符串替换当前字符串的指定范围内的字符，Reverse( ) 方法用于反转当前字符串，setCharAt( ) 方法将指定索引处的字符设置为指定的字符。

例如，字符串 sBuilder 的内容为“Hello World”，将 sBuilder 中的索引 6 到 11 的字符串替换为“Java”，再将 sBuilder 反转，将索引 1 处的字符修改为“a”。示例代码及运行结果如下。

示例代码：

```
public class Example412{
    public static void main(String[ ] args) {
        StringBuilder sBuilder = new StringBuilder("Hello World");
        // 将索引 6 到 11 的字符串替换为 "Java"
        sBuilder.replace(6, 11, "Java");
        // 输出字符串 "Hello Java"
        System.out.println(sBuilder.toString( ));
        // 反转字符串
        sBuilder.reverse( );
        // 输出字符串 "avaJ olleH"
        System.out.println(sBuilder.toString( ));
        // 将索引 1 处的字符修改为 "a"
```

```
        sBuilder.setCharAt(1, 'a');
        // 输出字符串 "aaaJ olleH"
        System.out.println(sBuilder.toString( ));
    }
}
运行结果：
Hello Java
avaJ olleH
aaaJ olleH
```

实训案例 4-1 模拟用户登录

一、案例要求

已知用户名和密码，使用 Eclipse 编写一个程序，实现模拟用户登录。系统给用户三次尝试登录机会，登录之后，给出相应的提示。程序运行，控制台首次输出提示如下。

```
请输入用户名和密码：
```

二、案例分析

1. 已知用户名和密码，定义两个字符串来表示它们即可。

2. 键盘录入要登录的用户名和密码，用 Scanner( ) 方法实现。

3. 将键盘录入的用户名、密码和已知的用户名、密码进行比较，给出相应的提示。字符串的内容比较用字符串类的 equals( ) 方法实现。

4. 使用循环实现多次机会，这里的次数明确，采用 for 语句实现循环，并在登录成功时，使用 break 结束循环。

三、案例实现

1. 创建 Java 项目

启动 Eclipse，在打开的 Eclipse 窗口中，依次单击“文件”“新建”“Java 项目”选项，在弹出的“新建 Java 项目”对话框中，输入项目名“user_login”。

2. 在项目下创建包

依次单击“文件”“新建”“包”选项，在弹出的“新建 Java 包”对话框中，输入包名称“com.czjsy.user_login”。

3. 创建 Java 类

依次单击“文件”“新建”“类”选项，弹出“新建 Java 类”对话框（见图 4-1-1），创建 UserLogin 类。

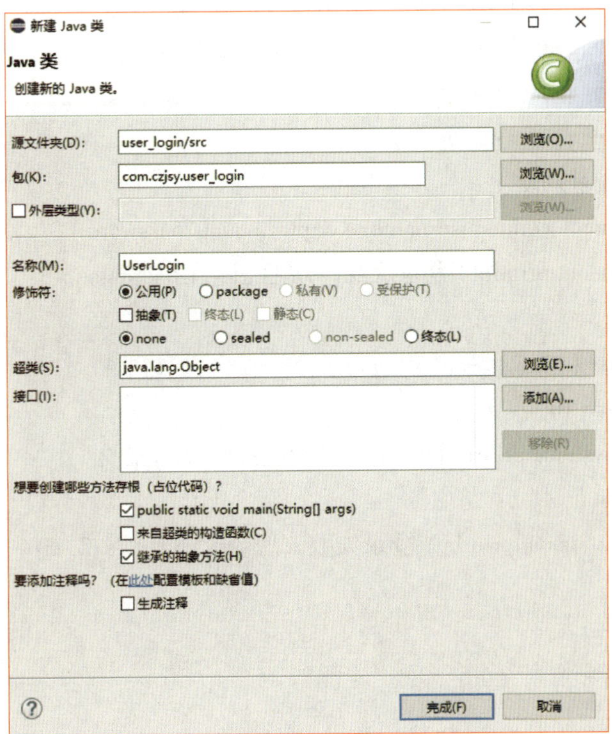

图 4-1-1 “新建 Java 类”对话框

4. 编写程序代码

示例代码：

```
package com.czjsy.user_login;
import java.util.Scanner;
public class String UserLogin{
// 入口主函数 main
    public static void main(String[ ] args) {
    // 使用循环实现多次机会，采用 for 语句循环，明确 3 次机会
    // 使用 break 退出循环
        for (int i = 0; i < 3; i++) {
            // 定义用户名与密码
            String username = "test";
            String password = "123456";
            // 键盘录入登录的用户名和密码，用 scanner( ) 方法实现
            Scanner scanner = new Scanner(System.in);
            System.out.println(" 请输入用户名和密码 :");
            String name = scanner.nextLine( );
            String pwd = scanner.nextLine( );
            // 登录判断
            if (name.equals(username) && pwd.equals(password)) {
          System.out.println(" 登录成功，欢迎您 :" + username);
          break;
            } else {
          if (2-i== 0){
              System.out.println(" 您的登录次数已经用完 ");
            }else {
             System.out.println(" 登录失败，您今天还有 " + (2 - i) + " 次登录的机会！ ");
             }
          }
        }
    }
}
```

5. 运行程序

单击 Eclipse 窗口中的“运行”按钮运行程序，运行结果如图 4-1-2 所示。

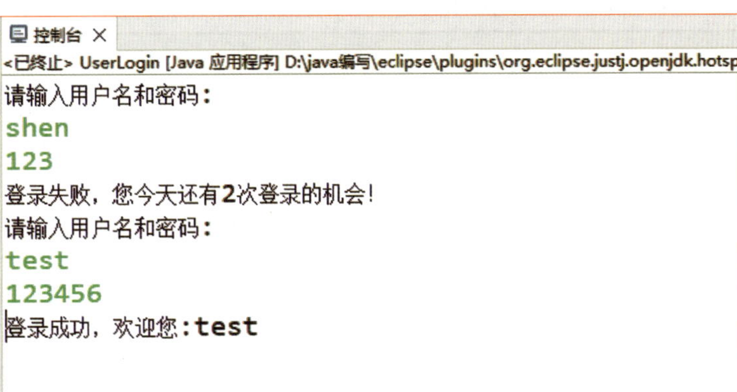

图 4-1-2　运行结果

第二节　System 类和 Runtime 类

一、System 类

1. System 类的作用

System 类提供了与系统相关的属性信息和系统操作。它所提供的属性和方法都是静态的，想要引用这些属性和方法，直接使用 System 类调用即可。

例如，在需要输出结果时，可以使用 System 类中的 println( ) 或 print( ) 方法，即使用“System.out.println( );”或“System.out.print( );”语句。

2. System 类的常用方法

（1）arraycopy( ) 方法

arraycopy( ) 方法用于将数组从源数组复制到目标数组，其声明格式如下。

```
static void arraycopy(Object src,int srcPos,Object dest, int destPos,int length)
```

arraycopy( ) 方法声明格式中参数的相关介绍见表 4-2-1。

表 4-2-1　arraycopy( ) 方法声明格式中参数的相关介绍

参数	功能说明
src	表示源数组
dest	表示目标数组
srcPos	表示源数组中复制元素的起始位置
destPos	表示复制到目标数组的起始位置
length	表示复制元素的个数

例如，创建两个数组 fromArray 和 toArray，分别代表源数组和目标数组。调用 arraycopy( ) 方法进行元素复制，指定从源数组中索引为 2 的元素开始复制，并且复制 4 个元素存放在目标数组中索引为 3 的位置。示例代码及运行结果如下。

示例代码：

```
public class Example413 {
    public static void main(String[ ] args) {
        // 源数组
        int[ ] fromArray = { 10, 11, 12, 13, 14, 15 };
        // 目标数组
        int[ ] toArray = { 20, 21, 22, 23, 24, 25, 26 };
        // 复制数组元素
        System.arraycopy(fromArray, 2, toArray, 3, 4);
        // 打印复制后数组的元素
        System.out.println(" 复制后的数组元素为: ");
        for (int i = 0; i < toArray.length; i++) {
            System.out.println(i + ": " + toArray[i]);
        }
    }
}
```

运行结果：

```
复制后的数组元素为：
0: 20
1: 21
2: 22
3: 12
4: 13
5: 14
6: 15
```

由运行结果可知，在打印目标数组的元素时，程序首先打印的是数组 toArray 的前三个元素 20、21、22，然后打印的是从数组 fromArray 中复制的四个元素 12、13、14、15。

（2）currentTimeMillis( ) 方法

currentTimeMillis( ) 方法用于获取当前系统的时间，返回值是 long 类型的值，该值表示当前时间与 1970 年 1 月 1 日 0 点 0 分 0 秒之间的时间差，单位是毫秒，通常也将该值称为时间戳。

提示

在计算机科学的早期，很多操作系统和编程语言的设计者们需要一个统一的时间起点来表示时间，就选择了 1970 年 1 月 1 日 0 点 0 分 0 秒。虽然该选择看起来是任意的，但它已经成为一种标准，被广泛地应用在计算机系统和软件中，形成了现代计算机系统中的时间基准。

例如，在数字的求和程序中，在求和开始和结束时，分别调用 currentTimeMillis( ) 方法，获得两个时间戳（系统当前时间），通过计算两个时间戳之间的差值获取求和操作所耗费的时间。示例代码及运行结果如下。

示例代码：

```
public class Example414 {
    public static void main(String[ ] args) {
        // 循环开始时的当前时间
        long startTime = System.currentTimeMillis( );
```

```
            int sum = 0;
            for (int i = 0; i < 1000000000; i++) {
                sum += i;
            }
            // 循环结束后的当前时间
            long endTime = System.currentTimeMillis( );
            System.out.println(" 程序运行的时间为："+(endTime – startTime)+" 毫秒 ");
        }
    }
运行结果：
程序运行的时间为：359 毫秒
```

（3）getProperties( ) 和 getProperty( ) 方法

System 类的 getProperties( ) 方法用于获取当前系统的全部属性，该方法会返回一个 Properties 对象，其中封装了系统的所有属性，这些属性是以键值对的形式存在的。getProperty( ) 方法用于根据系统的属性名获取对应的属性值。

例如，通过 System 的 getProperties() 方法获取系统的所有属性，通过 Properties 的 propertyNames() 方法获取所有系统属性的 key，并使用名称为 propertyNames 的 Enumeration 对象接受获取到的 key 值，对 Enumeration 对象进行迭代循环，通过 Enumeration 的 nextElement( ) 方法获取系统属性的 key，再通过 System 的 getProperty(key) 方法获取当前 key 对应的值 value，最后将所有系统属性的键以及对应的值打印出来。示例代码及运行结果如下。

```
示例代码：
import java.util.*;
public class Example415 {
    public static void main(String[ ] args) {
            // 获取当前系统属性
            Properties properties = System.getProperties( );
            // 获得所有系统属性的 key，返回 Enumeration 对象
            Enumeration propertyNames = properties.propertyNames( );
            while (propertyNames.hasMoreElements( )) {
                // 获取系统属性的键 key
```

```
            String key = (String) propertyNames.nextElement( );
            // 获得当前键 key 对应的值 value
            String value = System.getProperty(key);
            System.out.println(key + "--->" + value);
        }
    }
}
```

运行结果：

```
jdk.module.main--->example415
jdk.module.main.class--->example415.Example415
java.vendor.url.bug--->https:// github.com/adoptium/adoptium-support/issues
sun.io.unicode.encoding--->UnicodeLittle
sun.cpu.endian--->little
java.vendor.version--->Temurin-17.0.5+8
sun.cpu.isalist--->amd64
```

（4）gc( ) 方法

当一个对象成为垃圾后仍会占用内存空间，时间一长，就会导致内存空间不足。针对这种情况，Java 程序中引入了垃圾回收机制。一个对象在成为垃圾后会暂时被保留在内存中，当这样的垃圾堆积到一定程度时，Java 虚拟机就会启动垃圾回收器将这些对象从内存中释放，从而使程序获得更多可用的内存空间。除了等待 Java 虚拟机进行自动垃圾回收外，还可以通过调用 System.gc( ) 方法通知 Java 虚拟机立即进行垃圾回收操作。

例如，创建两个对象 p1 和 p2，然后将两个对象设置为 null，这意味着新创建的两个对象成了垃圾，通过 System.gc( ) 语句通知虚拟机进行垃圾回收。示例代码及运行结果如下。

示例代码：

```
class Person {
    // 下面定义的 finalize( ) 方法会在垃圾回收前被调用
    public void finalize( ) {
        System.out.println(" 对象将被作为垃圾回收…");
    }
}
```

```
public class Example416{
public static void main(String[ ] args) {
        // 创建两个 Person 对象
        Person p1 = new Person( );
        Person p2 = new Person( );
        // 将变量置为 null，让对象成为垃圾
        p1 = null;
        p2 = null;
        // 调用方法进行垃圾回收
        System.gc( );
        for (int i = 0; i < 1000000; i++) {
            // 为了延长程序运行的时间
        }
    }
}
```

运行结果：

对象将被作为垃圾回收…

对象将被作为垃圾回收…

需要注意的是，Java 虚拟机的垃圾回收操作是在后台完成的，程序结束后，垃圾回收操作也将终止。因此，上述程序使用了一个 for 语句循环，延长了程序运行的时间，从而能够更好地观察到垃圾对象被回收的过程。

二、Runtime 类

1. Runtime 类的作用

Runtime 类用于表示虚拟机运行时的状态，它用于封装 Java 虚拟机进程。

每次使用 Java 命令启动虚拟机都对应一个 Runtime 实例，若想在程序中获得一个 Runtime 实例，只能通过以下方式。

```
Runtime run = Runtime.getRuntime( );
```

由于 Runtime 类封装了虚拟机进程，因此，在程序中通常会通过该类的实例对象来获取当前虚拟机的相关信息。

2. Runtime 类的常用方法

（1）获取当前虚拟机信息

Runtime 类提供一系列方法，用以获取当前 Java 虚拟机的处理器个数、空闲内存量、最大可用内存量和内存总量等信息。Runtime 类获取当前虚拟机信息的常用方法见表 4-2-2。

表 4-2-2　Runtime 类获取当前虚拟机信息的常用方法

常用方法	功能说明
getRuntime( )	创建 Runtime 实例对象
availableProcessors( )	获取 Java 虚拟机的处理器个数
freeMemory( )	获取 Java 虚拟机的空闲内存数量
maxMemory( )	获取 Java 虚拟机的最大可用内存量
totalMemory( )	获取 Java 虚拟机的内存总量

例如，创建一个名称为 rt 的 Runtime 实例对象，获取 Java 虚拟机的处理器个数、空闲内存量、最大可用内存量和内存总量。示例代码及运行结果如下。

示例代码：

```
public class Example417 {
    public static void main(String[ ] args) {
        Runtime rt = Runtime.getRuntime( ); // 获取
        System.out.println(" 处理器个数：" + rt.availableProcessors( )+" 个 ");
        System.out.println(" 空闲内存量：" + rt.freeMemory( ) / 1024 / 1024 + "M");
        System.out.println(" 最大可用内存量：" + rt.maxMemory( ) / 1024 /1024 +
"M");
        System.out.println(" 虚拟机的内存总量：" + rt.totalMemory( ) / 1024 /1024 +
"M");
    }
}
```

运行结果：

处理器个数：8 个
空闲内存量：123M
最大可用内存量：1990M
虚拟机的内存总量：126M

（2）执行可执行文件

Runtime 类中提供了一个 exec( ) 方法，该方法用于执行一个 dos 命令，从而实现和在命令行窗口中输入 dos 命令同样的效果，可以根据指定的路径执行对应的可执行文件。

例如，在 Java 程序中，通过 Runtime 类的 exec( ) 方法运行“notepad.exe”命令，打开一个 Windows 自带的记事本程序。示例代码如下。

示例代码：

```
import java.io.IOException;
public class Example418{
    public static void main(String[ ] args) throws IOException {
        // 创建 Runtime 实例对象
        Runtime rt = Runtime.getRuntime( );
        // 调用 exec( ) 方法
        rt.exec("notepad.exe");
    }
}
```

运行以上示例代码，会在桌面上打开一个记事本。

第三节 Math 类与 Random 类

一、Math 类

1. Math 类的作用

Math 类提供了大量的静态方法，用于通过程序实现数学计算，如求绝对值、取最大值或最小值等。

2. Math 类的常用方法

Math 类的常用方法见表 4-3-1。

表 4-3-1　Math 类的常用方法

常用方法	功能说明
abs( )	计算绝对值
sqrt( )	计算方根
ceil( )	计算大于参数的最小整数
floor( )	计算小于参数的最大整数
round( )	计算小数进行四舍五入后的结果
max( )	计算两个数的较大值
min( )	计算两个数的较小值
random( )	生成一个大于等于 0.0 小于 1.0 的随机值
sqrt( )	计算开平方的结果
pow( )	计算指数函数的值
abs( )	计算绝对值

例如，使用 abs( ) 方法计算 –10 的绝对值，使用 ceil( ) 方法计算 5.6 的最小整数，使用 floor( ) 方法计算 –4.2 的最大整数，使用 round( ) 方法计算 –4.6 的四舍五入结果，使用 max( ) 方法求 2.1 与 –2.1 的较大值，使用 min( ) 方法求 2.1 与 –2.1 的较小值，使用 random( ) 方法生成一个大于等于 0.0 小于 1.0 的随机值，使用 sqrt( ) 方法求 4 的开平方结果，使用 pow( ) 方法求 2 与 3 的指数函数值。示例代码及运行结果如下。

示例代码：

```
public class Example419{
    public static void main(String[ ] args) {
        System.out.println(" 计算绝对值的结果：" + Math.abs(-10));
        System.out.println(" 求大于参数的最小整数：" + Math.ceil(5.6));
        System.out.println(" 求小于参数的最大整数：" + Math.floor(-4.2));
    System.out.println(" 对小数进行四舍五入后的结果：" +Math.round(-4.6));
```

```
            System.out.println(" 求两个数的较大值：" + Math.max(2.1, -2.1));
            System.out.println(" 求两个数的较小值：" + Math.min(2.1, -2.1));
            System.out.println(" 生成一个大于等于 0.0 小于 1.0 随机值：" +
            Math.random( ));
            System.out.println(" 开平方的结果："+Math.sqrt(4));
            System.out.println(" 求指数函数值："+Math.pow(2, 3));
        }
}
运行结果：
计算绝对值的结果：10
求大于参数的最小整数：6.0
求小于参数的最大整数：-5.0
对小数进行四舍五入后的结果：-5
求两个数的较大值：2.1
求两个数的较小值：-2.1
生成一个大于等于 0.0 小于 1.0 随机值：0.5264604819510152
开平方的结果：2.0
求指数函数值：8.0
```

二、Random 类

1. Random 类的作用

Random 类提供丰富的随机数生成方法，可以产生 boolean、int、long、float、byte 数组以及 double 类型的随机数。

2. Random 类的常用方法

Random 类提供多种方法生成伪随机数，包括整数、浮点数、随机数等类型。Random 类的常用方法见表 4-3-2。

表 4-3-2　Random 类的常用方法

常用方法	功能说明
nextDouble( )	随机生成 0.0 和 1.0 之间的 double 类型的随机数
nextFloat( )	随机生成 0.0 和 1.0 之间的 float 类型的随机数
nextInt( )	随机生成 int 类型的随机数
nextInt(int n)	随机生成 0 ~ n 之间 int 类型的随机数

Random 类的 nextDouble( ) 方法返回的是 double 类型的值，nextFloat( ) 方法返回的是 float 类型的值，nextInt（int n) 返回的是 0（包括）和指定值 n（不包括）之间的值。

例如，创建实例对象 r，并产生 float 类型、double 类型、int 类型的随机数，以及 0 ~ 100 之间 int 类型的随机数。示例代码及运行结果如下。

示例代码：

```
import java.util.Random;
public class Example420 {
    public static void main(String[ ] args) {
        Random r = new Random( ); // 创建 Random 实例对象
        System.out.println(" 产生 float 类型的随机数：" + r.nextFloat( ));
        System.out.println(" 产生 double 类型的随机数：" + r.nextDouble( ));
      System.out.println(" 产生 int 类型的随机数：" + r.nextInt( ));
      System.out.println(" 产生 0~100 之间 int 类型的随机数：" +r.nextInt(100));
    }
}
```

运行结果：

```
    产生 float 类型的随机数：0.004735172
    产生 double 类型的随机数：0.8701259855853611
    产生 int 类型的随机数：170853195
    产生 0~100 之间 int 类型的随机数：41
```

第四节 日期时间类

日期和时间类是 Java 提供的一套专门用于处理日期时间的 API。Java 常用日期时间类的功能见表 4–4–1。

表 4–4–1 Java 常用日期时间类的功能

日期时间类	功能说明
Instant	表示时刻，代表的是时间戳
LocalDate	不包含具体时间的日期
LocalTime	不含日期的时间
LocalDateTime	包含了日期及时间
Duration	基于时间的值测量时间量
Period	计算日期时间差异，只能精确到年月日
Clock	时钟系统，用于查找当前时刻

一、LocalDate 类

LocalDate 类用于表示日期，包含年、月、日的信息。在 LocalDate 类中提供了两个获取日期对象的方法 now( ) 和 of (int year, int month, int dayOfMonth)。

例如，通过 2020 年、12 月和 12 日三个参数获得一个 LocalDate 的实例，从默认时区的系统时钟获取当前日期，其示例代码如下。

示例代码：

```
LocalDate date = LocalDate.of(2020, 12, 12);
LocalDate nd= LocalDate.now( );
```

LocalDate 类还提供了日期格式化、增减年月日等一系列常用方法，LocalDate 类的常用方法见表 4–4–2。

表 4-4-2 LocalDate 类的常用方法

常用方法	功能说明
getYear()	获取年份字段
getMonth()	获取月份字段
getMonthValue()	获取该日期对象所代表的月份值
getDayOfMonth()	获取当月第几天字段
format(DateTimeFormatter formatter)	使用指定的格式化程序格式化此日期
isBefore(ChronoLocalDate other)	检查此日期是否在指定日期之前
isAfter(ChronoLocalDate other)	检查此日期是否在指定日期之后
isEqual(ChronoLocalDate other)	检查此日期是否等于指定的日期
isLeapYear()	检查年份是否为闰年
parse(CharSequence text)	从文本中获取 LocalDate 的实例
parse(CharSequence text, DateTimeFormatter formatter)	将文本字符串解析为对应的日期时间对象
plusYears(long yearsToAdd)	增加指定年份
plusMonths(long monthsToAdd)	增加指定月份
plusDays(long daysToAdd)	增加指定日数
minusYears(long yearsToSubtract)	减少指定年份
minusMonths(long monthsToSubtract)	减少指定月份
minusDays(long daysToSubtract)	减少指定日数
withYear(int year)	指定年
withMonth(int month)	指定月
withDayOfYear(int dayOfYear)	指定日

例如，定义一个名称为 now 的 LocalDate 无参实例。定义一个名称为 of 的 LocalDate 有参实例，参数值为“2015，12，12”。获取当前的日期包含年、月、日，并将日期格式设置为（yyyy 年 MM 月 dd 日）。判断日期 of 是否在当前时间前，是否在当前时间后，of 是否和 now 相等，of 是否为闰年。定义一个名称为 dateStr 的字符串，值为“2020-02-01”。将 dateStr 解析为日期对象，将 now 实例年份加 1，将 now 实例天数减 10，将 now 实例年份指定为 2014。示例代码及运行结果如下。

示例代码：

```
import java.time.LocalDate;
import java.time.format.DateTimeFormatter;
import java.util.Scanner;
public class Example421 {
    public static void main(String[ ] args) {
    LocalDate now = LocalDate.now( );
    LocalDate of = LocalDate.of(2015, 12, 12);
    System.out.println("1. LocalDate 的获取及格式化的相关方法 ");
    System.out.println(" 从 LocalDate 实例获取的年份为："+now.getYear( ));
    System.out.println(" 从 LocalDate 实例获取的月份为："+now.getMonthValue( ));
    System.out.println(" 从 LocalDate 实例获取当天在本月的第几天："+
now.getDayOfMonth( ));
    System.out.println(" 将获取到的 Loacaldata 实例格式化为："+
    now.format(DateTimeFormatter.ofPattern("yyyy 年 MM 月 dd 日 ")));
    System.out.println("2. LocalDate 判断的相关方法 ");
    System.out.println(" 判断日期 of 是否在 now 之前："+of.isBefore(now));
    System.out.println(" 判断日期 of 是否在 now 之后："+of.isAfter(now));
    System.out.println(" 判断日期 of 和 now 是否相等："+now.equals(of));
    System.out.println(" 判断日期 of 是否为闰年："+ of.isLeapYear( ));
    // 给出一个符合默认格式要求的日期字符串
    System.out.println("3. LocalDate 解析以及加减操作的相关方法 ");
    String dateStr="2020-02-01";
    System.out.println(" 把日期字符串解析成日期对象后为："+LocalDate.parse(dateStr));
    System.out.println(" 将 LocalDate 实例年份加 1 为："+now.plusYears(1));
    System.out.println(" 将 LocalDate 实例天数减 10 为："+now.minusDays(10));
    System.out.println(" 将 LocalDate 实例指定年份为 2014："+now.withYear(2014));
  }
}
```

运行结果：

1. LocalDate 的获取及格式化的相关方法

从 LocalDate 实例获取的年份为：2024
从 LocalDate 实例获取的月份为：4
从 LocalDate 实例获取当天在本月的第几天：7
将获取到的 Loacaldata 实例格式化为：2024 年 04 月 07 日
2. LocalDate 判断的相关方法
判断日期 of 是否在 now 之前：true
判断日期 of 是否在 now 之后：false
判断日期 of 和 now 是否相等：false
判断日期 of 是否为闰年：false
3. LocalDate 解析以及加减操作的相关方法
把日期字符串解析成日期对象后为：2020-02-01
将 LocalDate 实例年份加 1 为：2025-04-07
将 LocalDate 实例天数减 10 为：2024-03-28
将 LocalDate 实例指定年份为 2014：2014-04-07

二、LocalTime 类

LocalTime 类用来表示时间，通常表示的是小时、分钟、秒。与 LocalDate 类一样，该类不能代表时间线上的即时信息，只是时间的描述。在 LocalTime 类中提供了获取时间对象的方法，与 LocalDate 用法类似。同时 LocalTime 类也提供了与日期类相对应的时间格式化、增减时分秒等常用方法。

例如，定义一个名称为 time 的 LocalTime 无参实例。定义一个名称为 of 的 LocalTime 有参实例，参数值为“9，23，23”。将获取到的 LoacalTime 实例格式化为“15:11:23”，判断时间 of 是否在 now 之前，将时间字符串解析为时间对象，从 LocalTime 获取当前时间，不包含毫秒数。示例代码及运行结果如下。

示例代码：

```
import java.time.LocalTime;
import java.time.format.DateTimeFormatter;
    public class Example422 {
        public static void main(String[ ] args) {
```

```
            //获取当前时间，包含毫秒数
            LocalTime time = LocalTime.now( );
            LocalTime of = LocalTime.of(9,23,23);
            System.out.println(" 从 LocalTime 获取的小时为："+time.getHour( ));
        System.out.println(" 将获取到的 LoacalTime 实例格式化为："+time.format(DateTimeFormatter.ofPattern(" HH:mm:ss")));
            System.out.println(" 判断时间 of 是否在 now 之前："+of.isBefore(time));
            System.out.println(" 将时间字符串解析为时间对象后为："+ LocalTime.parse("12:15:30"));
            System.out.println(" 从 LocalTime 获取当前时间，不包含毫秒数："+ time.withNano(0));
        }
    }
```

运行结果：

```
从 LocalTime 获取的小时为：15
将获取到的 LoacalTime 实例格式化为：15:11:23
判断时间 of 是否在 now 之前：true
将时间字符串解析为时间对象后为：12:15:30
从 LocalTime 获取当前时间，不包含毫秒数：15:11:23
```

LocalDateTime 类是 LocalDate 类与 LocalTime 类的综合，它既包含日期也包含时间，通过查看 API 可以知道，LocalDateTime 类中的方法包含了 LocalDate 类与 LocalTime 类的方法。需要注意的是，LocalDateTime 类默认的格式为“2020-02-29T21:23:26.774”，这可能与经常使用的格式不太相符，所以它经常和 DateTimeFormatter 一起使用指定格式，除了 LocalDate 类与 LocalTime 类中的方法，还提供了转换的方法。

例如，定义一个名称为 now 的 LocalDateTime 实例，打印当前日期时间，将目标 LocalDateTime 转换为相应的 LocalDate 实例和相应的 LocalTime 实例，将时间格式指定为“yyyy 年 MM 月 DD 日 HH 时 mm 分 ss 秒”。示例代码及运行结果如下。

示例代码：

```
    import java.time.LocalDateTime;
    import java.time.format.DateTimeFormatter;
```

```
public class Example20{
    public static void main(String[ ] args) {
        // 获取当前年月日，时分秒
        LocalDateTime now = LocalDateTime.now( );
        System.out.println(" 获取的当前日期时间为："+now);
        System.out.println(" 将目标 LocalDateTime 转换为相应的 LocalDate 实例："+
now.toLocalDate( ));
    System.out.println(" 将目标 LocalDateTime 转换为相应的 LocalTime 实例："+ now.
toLocalTime( ));
        // 指定格式
        DateTimeFormatter ofP = DateTimeFormatter.ofPattern("yyyy 年 MM 月 dd 日
"+"HH 时 mm 分 ss 秒 ");
        System.out.println(" 格式化后的日期时间为："+now.format(ofP));
    }
}
运行结果：
  获取的当前日期时间为：2024-04-07T15:12:08.889874600
  将目标 LocalDateTime 转换为相应的 LocalDate 实例：2024-04-07
  将目标 LocalDateTime 转换为相应的 LocalTime 实例：15:12:08.889874600
  格式化后的日期时间为：2024 年 04 月 07 日 15 时 12 分 08 秒
```

三、Instant 类

Instant 类是一个日期和时间相关的类，它表示时间轴上的一个点，精确到纳秒，其内部由两个 Long 字段组成，第一部分保存的是标准计算机元年（1970 年 1 月 1 日开始）到现在的秒数，第二部分保存的是纳秒数。Instant 类的常用方法见表 4-4-3。

例如，使用 now( ) 方法获取系统中的当前时刻，然后获取计算机元年增加毫秒数后的结果、计算机元年增加秒数后的结果，获取从“2007-12-03T10:15:30.44Z”到现在的秒值、纳秒值，并获取 Instant 的实例。示例代码及运行结果如下。

表 4-4-3 Instant 类的常用方法

常用方法	功能说明
now( )	从系统时钟获取当前时刻
now(Clock clock)	从指定时钟获取当前时刻
ofEpochSecond(long epochSecond)	从计算机元年开始的秒数获得 Instant 实例
ofEpochMilli(long epochMilli)	从计算机元年开始的毫秒数获得 Instant 实例
getEpochSecond( )	从计算机元年获取秒数
getNano( )	从当前 Instant 对象获取纳秒部分
parse(CharSequence text)	从一个文本字符串获取一个 Instant 的实例
from(TemporalAccessor temporal)	从时间对象获取一个 Instant 的实例

示例代码：

```
import java.time.Instant;
public class Example423 {
    public static void main(String[ ] args) {
            // Instant 时间戳类从 1970 -01 - 01 00:00:00 开始
            // 截止到当前时间的毫秒值
            Instant now = Instant.now( );
            System.out.println(" 从系统获取的当前时刻为: "+now);
            Instant instant = Instant.ofEpochMilli(1000 * 60 * 60 * 24);
            System.out.println(" 计算机元年增加毫秒数后为: "+instant);
            Instant instant1 = Instant.ofEpochSecond(60 * 60 * 24);
            System.out.println(" 计算机元年增加秒数后为: "+instant1);
            System.out.println(" 获取的秒值为:"+ Instant.parse("2007-12-03T10:15:30.44Z").
getEpochSecond( ));
            System.out.println(" 获取的纳秒值为:"+ Instant.parse("2007-12-03T10:15:30.44Z").
getNano( ));
            System.out.println(" 从时间对象获取的 Instant 实例为: "+ Instant.from(now));
```

```
    }
}
运行结果：
    从系统获取的当前时刻为：2024-04-07T07:13:50.322538900Z
    计算机元年增加毫秒数后为：1970-01-02T00:00:00Z
    计算机元年增加秒数后为：1970-01-02T00:00:00Z
    获取的秒值为：1196676930
    获取的纳秒值为：440000000
    从时间对象获取的 Instant 实例为：2024-04-07T07:13:50.322538900Z
```

四、Duration 类

Duration 类是一个用于表示时间间隔的类，它可以用来测量两个时间点之间的差异或表示一个持续时间。在 Java 程序中，Duration 类位于 java.time 包中。它能够表示的时间间隔单位包括秒、毫秒、微秒和纳秒，并且可以精确到纳秒。Duration 类包含 seconds（秒）和 nanos（纳秒）两部分，这两部分的组合定义了时间间隔的长度。它提供了一系列的方法来创建、操作和比较时间间隔。Duration 类的常用方法见表 4-4-4。

表 4-4-4　Duration 类的常用方法

常用方法	功能说明
between(Temporal start, Temporal end)	两个时间对象之间的持续时间
toDays()	将时间转换为以天为单位
toHours()	将时间转换为以小时为单位
toMinutes()	将时间转换为以分钟为单位
toMillis()	将时间转换为以毫秒为单位
toNanos()	将时间转换为以纳秒为单位

例如，计算出 start 与 end 的时间间隔，将这个时间间隔转化为以纳秒、毫秒、小时为单位。示例代码及运行结果如下。

示例代码：

```
import java.time.Duration;
import java.time.LocalTime;
public class Example424 {
public static void main(String[ ] args) {
    LocalTime start = LocalTime.now( );
    LocalTime end = LocalTime.of(20,13,23);
    Duration duration = Duration.between(start, end);
    // 间隔的时间
    System.out.println(" 时间间隔为："+duration.toNanos( )+" 纳秒 ");
    System.out.println(" 时间间隔为："+duration.toMillis( )+" 毫秒 ");
    System.out.println(" 时间间隔为："+duration.toHours( )+" 小时 ");
}
}
```

运行结果：

```
时间间隔为：17239669106000 纳秒
时间间隔为：17239669 毫秒
时间间隔为：4 小时
```

五、Period 类

Period 类主要用于计算两个日期的间隔，与 Duration 类相似，也是通过 between 计算日期间隔，并提供了获取年月日的三个常用方法，分别是 getYears( )、getMonths( ) 和 getDays( )。

例如，通过 2018 年、12 月和 12 日三个参数获得一个 LocalDate 的实例 birthday，从默认时区的系统时钟获取当前日期 now，通过 between( ) 方法计算出 birthday 与 now 之间的时间间隔，然后获取时间间隔的年份、月份和天数。示例代码及运行结果如下。

示例代码：

```
import java.time.LocalDate;
import java.time.Period;
public class Example425 {
```

```
    public static void main(String[ ] args) {
        LocalDate birthday = LocalDate.of(2018, 12, 12);
        LocalDate now = LocalDate.now( );
        // 计算两个日期之间的时间间隔
        Period between = Period.between(birthday, now);
        System.out.println(" 时间间隔为: "+between.getYears( )+" 年 ");
        System.out.println(" 时间间隔为: "+between.getMonths( )+" 月 ");
        System.out.println(" 时间间隔为: "+between.getDays( )+" 天 ");
    }
}
运行结果:
时间间隔为：5 年
时间间隔为：3 月
时间间隔为：26 天
```

实训案例 4-2 加密解密游戏

一、案例要求

使用 eclipse 编写一个简单的加密解密游戏。游戏使用凯撒密码的思想，即将消息中的每个字母按照一个固定的偏移量进行移位，从而实现加密和解密。用户首先输入要加密的消息，然后输入一个密钥（偏移量），程序将消息加密并输出加密后的结果，或将加密后的消息解密并输出解密后的结果。

程序运行，控制台首次输出提示信息如下。

```
欢迎来到加密解密游戏!
请输入要加密或解密的文本:
```

二、案例分析

1. 凯撒密码的思想

凯撒密码的思想是将消息中的每个字母按照一个固定的偏移量进行移位。

2. 加密过程

（1）用户输入要加密的消息和加密密钥。

（2）消息中的每个字母按照指定的偏移量进行移位，非字母字符保持不变。

（3）加密后的消息输出给用户。

3. 解密过程

（1）用户输入要解密的加密消息和相同的解密密钥。

（2）加密消息中的每个字母按照指定的偏移量进行逆移位，非字母字符保持不变。

（3）解密后的消息输出给用户。

4. 功能实现要点

为了实现加密和解密功能，需要考虑以下几个方面。

（1）设计加密、解密算法，根据用户选择进行加密或解密操作。

（2）创建一个游戏类，处理用户输入和输出，并调用相应的加密、解密算法。

（3）在主程序中，通过调用游戏类的方法实现用户交互和游戏流程。

三、案例实现

1. 创建 Java 项目

启动 Eclipse，在打开的 Eclipse 窗口中，依次单击“文件”“新建”“Java 项目”选项，在弹出的“新建 Java 项目”对话框中，输入项目名“game”，单击“完成”按钮。

2. 在项目下创建包

依次单击“文件”“新建”“包”选项，在弹出的“新建 Java 包”对话框中，输入包名称“com.czjsy.game”，单击“完成”按钮。

3. 创建 Java 类

依次单击“文件”“新建”“类”选项，创建 EncryptionDecryptionGame 类，如图 4-4-1 所示。

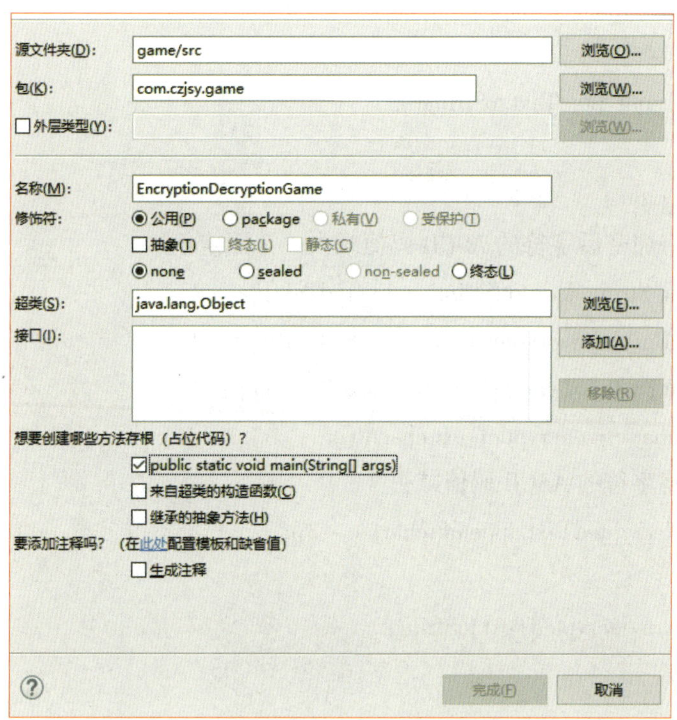

图 4-4-1　创建 EncryptionDecryptionGame 类

4. 编写程序代码

示例代码：

```
package com.czjsy.game;
import java.util.Scanner;
import java.util.Scanner;
```

```
public class EncryptionDecryptionGame {
// 加密函数 encrypt( )
// 使用简单的位移加密算法，将字符的 ASCII 码值加上一个固定值来实现
    public static String encrypt(String text) {
        StringBuilder encryptedText = new StringBuilder( );
        for (int i = 0; i < text.length( ); i++) {
            char c = text.charAt(i);
          // 将字符的 ASCII 码值加上 3
            encryptedText.append((char) (c + 3));
    }
        return encryptedText.toString( );
  }
// 解密函数 decrypt( )
// 解密操作即将加密后字符的 ASCII 码值减去一个固定值
    public static String decrypt(String encryptedText) {
        StringBuilder decryptedText = new StringBuilder( );
        for (int i = 0; i < encryptedText.length( ); i++) {
            char c = encryptedText.charAt(i);
          // 将字符的 ASCII 码值减去 3
            decryptedText.append((char) (c - 3));
        }
          return decryptedText.toString( );
      }
// 入口主函数 main
      public static void main(String[ ] args) {
          Scanner scanner = new Scanner(System.in);
          System.out.println(" 欢迎来到加密解密游戏！ ");
          String text;
          // 如果输入的文本为空，继续输入
          do {
              System.out.print(" 请输入要加密或解密的文本：");
```

```
            text = scanner.nextLine( );
            if (text.isEmpty( )) {
                System.out.println(" 无效输入！请输入要加密或解密的文本。");
            }
        } while (text.isEmpty( ));
        System.out.print(" 请选择操作：（ 1. 加密 2. 解密 ）");
        int choice = scanner.nextInt( );
        String result;
        if (choice == 1) {
            result = encrypt(text);
            System.out.println(" 加密结果：" + result);
            // 继续询问是否需要解密
            System.out.print(" 是否需要进行解密？ （ y/n ）");
            // 清除输入缓冲区
            scanner.nextLine( );
            String decryptChoice = scanner.nextLine( );
            if (decryptChoice.equalsIgnoreCase("y")) {
                String decryptedResult = decrypt(result);
                System.out.println(" 解密结果：" + decryptedResult);
            } else {
                System.out.println(" 游戏结束。");
            }
        } else if (choice == 2) {
            result = decrypt(text);
            System.out.println(" 解密结果：" + result);
        } else {
            System.out.println(" 无效的选择！ ");
        }
    }
}
```

5. 运行程序

单击 Eclipse 窗口中的“运行”按钮运行程序，运行结果如图 4-4-2 所示。

```
欢迎来到加密解密游戏!
请输入要加密或解密的文本:
无效输入! 请输入要加密或解密的文本。
请输入要加密或解密的文本: abcd
请选择操作: (1. 加密 2. 解密) 1
加密结果: defg
是否需要进行解密? (y/n) y
解密结果: abcd
```

图 4-4-2 运行结果

第五章 Java 异常处理

在前面的章节中，编写的代码都能正确地执行，然而这只是对代码的基本要求。对于一份健壮的代码（是指在各种正常和非正常条件下都能稳定、准确运行的代码），它要能够考虑到各方面的因素，以防止程序运行报错。因此，需要一套机制能够让程序代码在非正常情况下依旧能正确运行。Java 提供了一套异常处理机制，有了这套机制，程序员就能从容应对程序运行中出现的错误，从而避免程序崩溃以及后续难以想象的后果。

第一节 异常处理概述

一、异常概述

1. 异常的概念

在日常生活中，往往会遇到没有预料到的特殊情况。例如，小明打算今天坐动车去北京上学，在出发前一天，他查看了天气预报说北京不会下雨。但是，当小明到达北京后却发现下雨了。这一异常天气的出现，让小明措手不及，给他带来了不便。在程序设计中，也会出现类似的异常情况。

程序异常是指程序在运行过程中出现了非正常的情况，使正常执行的程序代码被迫中断。例如，将一个整型变量的值除以 0 的结果赋给另一个整型变量。示例代码如下。

```
示例代码：
public static void main(String [ ] args) {
    int a = 0;
    int b = 1;
    int c = b / a;
    System.out.print(c);
}
```

因为“0”是不能作为分母被整除的，运行程序后就会发现程序报错，且未能打印变量 c 的值。同时给出了报错的原因是“java.lang.ArithmeticException:/by zero”，表示所引发的异常类是 ArithmeticException，出错的原因是“by zero”（被 0 除）。ArithmeticException 报错信息如图 5-1-1 所示。

```
<已终止> Test (1) [Java 应用程序] D:\Program File\eclipse\eclipse\plugins\org.eclipse.justj.ope
Exception in thread "main" java.lang.ArithmeticException: / by zero
        at com.scj.exception.Test.main(Test.java:9)
```

图 5-1-1　ArithmeticException 报错信息

2. 异常产生的原因

程序出现异常的原因主要有以下几点。

（1）编程错误

最常见的原因是程序员在编写代码时出现了逻辑错误、语法错误或数据错误，导致程序无法正常运行。

例如，因编程错误导致数组下标越界的异常错误。示例代码如下。

示例代码：

```
public static void main(String[ ] args) {
    // 创建一个长度为 5 的数组
    int[ ] array = new int[5];
    // 尝试访问第 6 个元素，数组下标越界
    System.out.println(array[6]);
}
```

运行示例代码，因为其中的数组只有 5 个元素，所以这里会抛出 ArrayIndexOutOfBounds-Exception 报错信息，如图 5-1-2 所示。

```
<已终止> ArrayIndexDemo [Java 应用程序] D:\Program Files\eclipse\eclipse\plugins\org.eclipse.justj.openjdk.hotspot.jre.full.win32.x8
Exception in thread "main" java.lang.ArrayIndexOutOfBoundsException: Index 6 out of bounds for length 5
        at com.chapter06.util.ArrayIndexDemo.main(ArrayIndexDemo.java:9)
```

图 5-1-2　ArrayIndexOutOfBoundsException 报错信息

（2）外部环境因素

程序运行过程中可能会受到外部环境变化或异常的影响，如文件不存在、网络连接中断、

数据库连接失败等。

例如，程序尝试连接到指定的 URL（uniform resource locator，统一资源定位符），这里使用“https:// www.baidu.com”作为示例，并读取其网站内容。如果连接过程中出现异常，代码通过捕获 IOException 来处理异常情况。在异常处理中，代码区分了 SocketTimeoutException（连接超时）和 ConnectException（连接被拒绝）两种情况，并输出相应的提示信息。对于其他类型的异常，可直接打印异常堆栈信息以便调试。示例代码如下。

示例代码：

```
public static void main(String[ ] args) {
    String url = "https:// www.baidu.com";
    try {
        URL website = new URL(url);
        URLConnection connection = website.openConnection ( );
        BufferedReader in = new BufferedReader(new InputStreamReader(connection.getInput
Stream ( )));
        String inputLine;
        while ((inputLine = in.readLine ( )) != null) {
            System.out.println(inputLine);
        }
        in.close ( );
    } catch (IOException e) {
        if (e instanceof java.net.SocketTimeoutException) {
            System.out.println(" 连接超时，请检查网络连接。");
        } else if (e instanceof java.net.ConnectException) {
            System.out.println(" 连接被拒绝，请检查目标服务器是否可达。");
        } else {
            e.printStackTrace ( );
        }
    }
}
```

运行上面代码，会看到网络异常信息，如图 5-1-3 所示。

```
<已终止> NetworkDemo [Java 应用程序] D:\Prog
连接被拒绝，请检查目标服务器是否可达。
```

图 5-1-3　网络异常信息

（3）资源不足

程序运行过程中可能会遇到资源不足的情况，如内存溢出、文件句柄泄漏、数据库连接池耗尽等。这些异常通常是由系统资源不足或未正确释放资源导致的。

例如，创建一个非常大的整型数组，其长度为 Integer.MAX_VALUE(其值为 2147483647)，如此大的数组长度将导致内存不足，触发 OutOfMemoryError 异常。示例代码如下。

示例代码：

```
public static void main(String[ ] args) {
    try {
        int[ ] array = new int[Integer.MAX_VALUE];
    } catch (OutOfMemoryError e) {
        System.out.println(" 内存溢出异常：");
        e.printStackTrace ( );
    }
}
```

执行上面的代码，会看到 OutOfMemoryError 异常信息，如图 5-1-4 所示。

```
<已终止> OutOfMemoryErrorDemo [Java 应用程序] D:\Program Files\eclipse\eclipse\plugins\org.eclipse.justj.c
内存溢出异常：
java.lang.OutOfMemoryError: Requested array size exceeds VM limit
	at com.chapter06.util.OutOfMemoryErrorDemo.main(OutOfMemoryErrorDemo.java:7)
```

图 5-1-4　OutOfMemoryError 异常信息

（4）并发问题

并发是指同一个时间段内多个任务都在同时执行，并且都没有执行结束。并发任务强调在一个时间段内同时执行，而一个时间段由多个单位时间累积而成，所以说并发的多个任务在单位时间内不一定同时在执行。在多线程环境下，可能会出现竞态条件、死锁、线程安全等并发问题，导致程序异常。

例如，程序创建了两个线程 thread1 和 thread2，分别尝试获取两个不同的锁 lock1 和 lock2。如果 thread1 先获取到 lock1，然后等待获取 lock2，而 thread2 先获取到 lock2，然后等待获取 lock1，那么就会发生线程死锁的情况。示例代码如下。

示例代码：

```
private static final Object lock1 = new Object ( );
private static final Object lock2 = new Object ( );
public static void main(String[ ] args) {
    Thread thread1 = new Thread( ( ) -> {
        // 使用 synchronized ( ) 方法获取锁 lock1
        synchronized (lock1) {
            System.out.println("Thread 1: 拿到了锁 1");
            try {
                Thread.sleep(100);
            } catch (InterruptedException e) {
                e.printStackTrace ( );
            }
            System.out.println("Thread 1: 等待锁 2");
            synchronized (lock2) {
                System.out.println("Thread 1: 拿到了锁 2");
            }
        }
    }
    Thread thread2 = new Thread( ( ) -> {
        // 使用 synchronized  ( ) 方法获取锁 lock2
        synchronized(lock2) {
            System.out.println("Thread 2: 拿到了锁 2");
            try {
                Thread.sleep(100);
            } catch (InterruptedException e) {
                e.printStackTrace ( );
            }
            System.out.println("Thread 2: 等待锁 1");
            synchronized (lock1) {
```

```
                System.out.println("Thread 2: 拿到了锁 1");
            }
        }
    }
    thread1.start ( );
    thread2.start ( );
}
```

执行上述代码后，程序的两个线程 Thread1 与 Thread2 分别拿到各自的锁，但是它们都想拿到对方的锁时，却发生了死锁问题，导致程序“卡死”。死锁打印错误信息如图 5-1-5 所示。

```
问题 Javadoc 声明 控制台 ×
DeadlockDemo [Java 应用程序] D:\Program Files
Thread 1: 拿到了锁1
Thread 2: 拿到了锁2
Thread 1: 等待锁2
Thread 2: 等待锁1
```

图 5-1-5　死锁打印错误信息

二、异常类型

1. 异常类体系

在 Java 程序中，Throwable 类可以作为所有异常类抛出的根类，它有两个重要的子类：Error 和 Exception。异常类继承如图 5-1-6 所示。

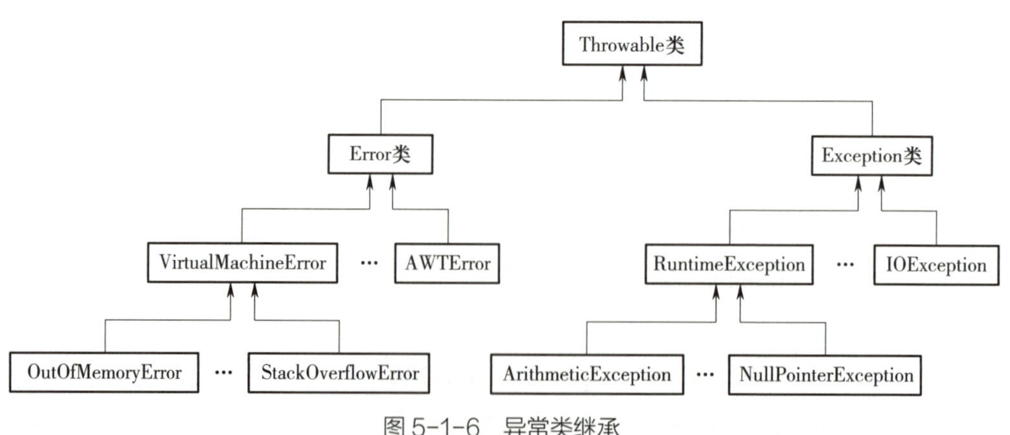

图 5-1-6　异常类继承

（1）Error 类

Error 类表示严重的错误，通常是由系统级问题或虚拟机问题引起的，应用程序一般无法处理。

Error 类的子类通常表示系统错误或虚拟机错误，例如，OutOfMemoryError（内存溢出错误）、StackOverflowError（栈溢出错误）等。一般情况下，不建议捕获 Error 类及其子类的实例，因为这些错误通常表示程序存在无法恢复的严重问题。

（2）Exception 类

Exception 类表示程序运行时可能遇到的异常情况，通常是由程序逻辑错误、外部因素等引起的。

Exception 类的子类分为受检查异常（CheckedException）和运行时异常（RuntimeException）两种。受检查异常必须在代码中进行显式处理，例如，通过 try–catch 块或向上抛出（throws 关键字），以确保程序的健壮性和可靠性；运行时异常是一种不需要显式捕获的异常，通常是由程序错误引起的，例如，NullPointerException（空指针异常）、ArrayIndexOutOfBoundsException（数组越界异常）等。

2. 常见异常类型

（1）RuntimeException 下的异常类

1）ArrayIndexOutOfBoundsException（数组越界异常）

数组越界异常是用非法索引访问数组时抛出的异常。如果索引为负或大于等于数组大小，则该索引为非法索引。例如，访问数组中不存在的索引位置时，会抛出此异常。

2）ArithmeticException（数学运算异常）

当出现异常的运算条件时，抛出数学运算异常。例如，一个整数“除以 0”时，抛出此异常。

3）NullPointerException（空指针异常）

当试图访问对象的属性或调用对象的方法，而该对象为 null 时，会抛出空指针异常。

4）IllegalArgumentException（非法参数异常）

当传递给方法的参数不符合方法的要求时，会抛出非法参数异常。

5）NumberFormatException（数字格式异常）

当字符串无法转换为数字时，会抛出数字格式异常。

例如，尝试将一个包含非数字字符的字符串“abc123”转换为整数。由于字符串中包含非数字字符，调用 Integer.parseInt () 方法时会抛出数字格式异常。示例代码如下。

示例代码：

```
public class NumberFormatExceptionExample {
    public static void main(String[ ] args) {
        // 一个包含非数字字符的字符串
        String str = "abc123";
        // 尝试将字符串转换为整数
        int num = Integer.parseInt(str);
        System.out.println(" 转换后的数字为 : " + num);
    }
}
```

执行上述代码后，由运行结果可知，报错信息是由于“abc123”转换为整数造成的。NumberFormatException 异常信息如图 5-1-7 所示。

```
<已终止> NumberFormatExceptionExample [Java 应用程序] D:\Program File\eclipse\eclipse\plugins\org.eclipse.justj.openjdk.hotspot.jre.full.wi
Exception in thread "main" java.lang.NumberFormatException: For input string: "abc123"
	at java.base/java.lang.NumberFormatException.forInputString(NumberFormatException.java:67)
	at java.base/java.lang.Integer.parseInt(Integer.java:668)
	at java.base/java.lang.Integer.parseInt(Integer.java:786)
	at com.scj.exception.NumberFormatExceptionExample.main(NumberFormatExceptionExample.java:7)
```

图 5-1-7　NumberFormatException 异常信息

（2）Error 下的异常类

1）OutOfMemoryError（内存溢出错误）

当 Java 虚拟机的堆内存耗尽时，会抛出内存溢出错误异常。

2）StackOverflowError（栈溢出错误）

当方法调用层级过深，导致栈空间耗尽时，会抛出栈溢出错误异常。

例如，递归调用自身而不设置递归终止条件时，将引发栈溢出错误异常，从而造成程序崩溃。示例代码如下。

示例代码：

```
public class StackOverflowErrorDemo {
    public static void main(String[ ] args) {
        recursiveMethod ( );
    }
```

```
        public static void recursiveMethod ( ) {
            // 这里没有递归终止条件，所以会一直执行下去
            recursiveMethod ( );
        }
}
```

执行上述代码后，由运行结果可知，发生了栈溢出错误，StackOverflowError 异常信息如图 5-1-8 所示。

```
<已终止> StackOverflowErrorDemo [Java 应用程序] D:\Program File\eclipse\eclipse\plugins\org.eclipse.justj.openjdk.hotspot.jre.full.win32.x86_64
Exception in thread "main" java.lang.StackOverflowError
	at com.scj.exception.StackOverflowErrorDemo.recursiveMethod(StackOverflowErrorDemo.java:11)
	at com.scj.exception.StackOverflowErrorDemo.recursiveMethod(StackOverflowErrorDemo.java:11)
	at com.scj.exception.StackOverflowErrorDemo.recursiveMethod(StackOverflowErrorDemo.java:11)
	at com.scj.exception.StackOverflowErrorDemo.recursiveMethod(StackOverflowErrorDemo.java:11)
	at com.scj.exception.StackOverflowErrorDemo.recursiveMethod(StackOverflowErrorDemo.java:11)
	at com.scj.exception.StackOverflowErrorDemo.recursiveMethod(StackOverflowErrorDemo.java:11)
	at com.scj.exception.StackOverflowErrorDemo.recursiveMethod(StackOverflowErrorDemo.java:11)
	at com.scj.exception.StackOverflowErrorDemo.recursiveMethod(StackOverflowErrorDemo.java:11)
	at com.scj.exception.StackOverflowErrorDemo.recursiveMethod(StackOverflowErrorDemo.java:11)
```

图 5-1-8 StackOverflowError 异常信息

3）NoClassDefFoundError（类定义未找到错误）

当尝试加载某个类，但未找到其定义时，会抛出类定义未找到错误异常。

例如，代码未成功引入 NonExistentClassDemo 类对象，且 eclipse 自动提示代码存在错误，类定义未找到错误代码，如图 5-1-9 所示。此时，强制执行代码，出现 NoClassDefFoundError 异常信息，如图 5-1-10 所示 ，并提示无法编译的错误 Error 以及 NoClassDefFoundError。

```
package com.scj.exception;

public class NoClassDefFoundErrorExample {
    public static void main(String[] args) {
            // 尝试访问一个不存在的类
            NonExistentClassDemo nonExistent = new NonExistentClassDemo();
        }

}
```

图 5-1-9 类定义未找到错误代码

```
Exception in thread "main" java.lang.Error: 无法解析的编译问题：
	NonExistentClassDemo 无法解析为类型
	NonExistentClassDemo 无法解析为类型

	at com.scj.exception.NoClassDefFoundErrorExample.main(NoClassDefFoundErrorExample.java:6)
```

图 5-1-10 NoClassDefFoundError 异常信息

三、异常处理机制

1. 异常的处理方式

在 Java 程序中，异常的处理方式一般分为抛出异常与捕获异常两部分。

（1）抛出异常

在日常生活中，餐厅服务员负责为顾客点菜并将菜品送上桌。如果在顾客点餐前，厨房告诉餐厅服务员某道菜的原料已经用完，无法继续制作，那么当顾客要点这道菜时，餐厅服务员可以回答说，“不好意思，这道菜后厨已经没有原材料，没办法制作了，请换道其他菜吧！”

在这个过程中，将餐厅服务员想象成代码，且已经知道“原料缺货”这个异常情况。这样顾客点餐时，餐厅服务员就可以抛出这个异常，那么当顾客或管理人员了解到这个问题，就可以选择其他菜品或采取其他措施，而不是顾客等到点完菜后才被告知，引起麻烦。

在代码中，抛出异常就是在程序运行过程中发生错误或异常情况时，程序会中断当前执行的流程，并将异常对象抛出，异常对象中包含相关错误的信息。

（2）捕获异常

在日常生活中，当摄影师拍摄重要活动时，如果相机突然出现故障，将无法正常拍摄。在这种情况下，摄影师可以第一时间知道相机出现异常的情况，而作为一名专业的摄影师，也有方法可以及时处理，例如，暂时切换到备用相机继续拍摄，或调整拍摄计划以便修复故障。这些处理方法可以确保拍摄活动的顺利进行，而不至于因为相机故障而影响整个拍摄计划。

程序代码中的捕获异常与以上的生活例子类似，是指通过 try-catch 语句块来捕获可能发生的异常，以便程序可以继续执行或提供适当的处理方式。当 try 块中的代码发生异常时，程序会跳转到对应的 catch 块中，执行异常处理逻辑。

2. Java 异常关键词

Java 中常用的异常关键词见表 5-1-1。

表 5-1-1　Java 中常用的异常关键词

关键词	功能说明
try	监听放在 try 语句块内的代码，当 try 语句块内发生异常时，异常就被抛出
catch	catch 用来捕获 try 语句块中发生的异常

续表

关键词	功能说明
finally	finally 语句块总是会被执行，主要用于回收在 try 块中打开的物理资源（如数据库连接、网络连接和磁盘文件）
throw	手动抛出异常，通过创建并抛出特定类型的异常对象，可以在代码中明确指示可能发生的异常情况
throws	告诉调用者需要处理的异常类型，使方法的调用者知道可能会出现的异常情况

第二节 异常处理的过程

一、异常的声明

1. throws 的语法格式

throws 关键字只在方法声明中使用，用于指示该方法可能抛出的异常类型，并不是实际抛出异常的地方。throws 的语法格式如下。

```
[ 访问权限修饰符 ] 返回值类型 方法名 ( 参数列表 ) [throws 异常类名 ]{
        方法体 ;
        [return 返回值 ;]
}
```

2. throws 的使用

throws 关键字声明方法可能抛出的异常，在使用 throws 关键字时，其要写在方法名后面，可声明抛出多个异常，异常的名称使用逗号隔开，调用者可以处理异常，也可以继续抛出，交由它的调用者处理。

例如，在 IOExceptionExample 类中，使用 readFile ( ) 方法读取文件，使用 throws 关键字声明可能抛出的异常类型，分别为 FileNotFoundException（文件未找到异常）与 IOException（IO 异常）。在 main 的主方法中调用 readFile("example.txt") 时，如果文件不存在，则会抛出文件未找到异常。如果在文件读取过程中发生 IO 异常，则会抛出 IOException 异常。代码通过 catch 块捕获到这些异常，并输出相应的异常信息。这样就可以通过 throws 关键字声明异常，让调用者知道可能会遇到的异常情况，并进行相应的处理。示例代码如下。

示例代码：

```
public class IOExceptionExample {
    public static void readFile(String fileName) throws FileNotFoundException, IOException {
        File file = new File(fileName);
        if (!file.exists ( )) {
            throw new FileNotFoundException(" 文件不存在 ");
        }
        FileReader reader = new FileReader(file);
        int data = reader.read ( );
        while (data != -1) {
            System.out.print((char) data);
            data = reader.read ( );
        }
        reader.close ( );
    }
    public static void main(String[ ] args) {
        try {
            readFile("example.txt");
        } catch (FileNotFoundException e) {
            System.out.println(" 捕获到文件不存在异常：" + e.getMessage ( ));
        } catch (IOException e) {
            System.out.println(" 捕获到 IO 异常：" + e.getMessage ( ));
        }
    }
}
```

执行以上程序，运行结果显示由于未找到 examle.txt 文件而抛出的异常信息，执行结果如图 5-2-1 所示。

```
<已终止> IOExceptionExample [Java 应用程序] D:\Program File\eclipse\eclipse\plugins\
捕获到文件不存在异常：文件不存在
```

图 5-2-1　执行结果

二、异常的抛出

1. throw 的语法格式

当程序运行出现异常情况时，可以使用 throw 关键字创建并抛出一个异常对象，从而中断程序当前的执行流程，将异常传递给调用者或上层处理。

throw 的语法格式如下。

```
throw 异常对象；
```

2. throw 的使用

throw 关键字只能在方法体内部抛出一个异常对象。

例如，在 AgeValidator 类中使用 validateAge ( ) 方法验证年龄是否为正数。如果传入的年龄值为负数，会抛出一个 IllegalArgumentException 异常，异常信息为 Age cannot be negative（年龄不能为负数）。在 main 主方法中，创建一个 AgeValidator 对象 validator，然后调用 validateAge ( ) 方法并传入一个负数 -5。示例代码如下。

```
示例代码：
public class AgeValidator {
    public void validateAge(int age) {
        if (age < 0) {
            throw new IllegalArgumentException("Age cannot be negative");
        }
    }
    public static void main(String[ ] args) {
        AgeValidator validator = new AgeValidator ( );
        try {
            validator.validateAge(-5);
        } catch (IllegalArgumentException e) {
```

```
            System.out.println("Exception caught: " + e.getMessage ());
        }
    }
}
```

运行上述代码，由运行结果可知，由于传入的年龄是负数，触发了 validateAge ( ) 方法中的异常抛出。IllegalArgumentException 异常最终在 try–catch 块中被捕获到，并输出因输入年龄为负数而抛出的异常信息，执行结果如图 5–2–2 所示。

```
<已终止> AgeValidator [Java 应用程序] D:\Program File\eclipse\eclipse\plugins\org.eclipse.jus
Exception caught: Age cannot be negative
```

图 5-2-2　执行结果

三、异常的捕获与处理

1. try…catch 和 finally 的语法格式

try…catch 和 finally 的语法格式如下。

```
try {
        // 包含可能发生异常的语句
}
catch( 异常类名　异常对象 ) {
        // 异常处理的代码
}
finally {
        // 一定执行的代码
}
```

2. try…catch 和 finally 的使用

在 try 代码块中，放置可能会抛出异常的代码。如果在 try 代码块中抛出异常，会被对应的 catch 代码块捕获并处理。每个 catch 代码块可以处理不同类型的异常。finally 代码块中的代码无论是否发生异常都会被执行。通常在 finally 代码块中放置清理工作程序，例如释放资源、关闭文件等操作，确保这些代码一定会被执行。

例如，将一个字符串变量 str 设置为 null，在 try 代码块中，代码尝试调用 length ( ) 方法。在 catch 代码块中捕获空指针异常，并输出错误信息。示例代码如下。

示例代码：

```
public class NullPointerExceptionExample {
    public static void main(String[ ] args) {
        String str = null;
        try {
            // 调用 null 对象的方法，会抛出空指针异常
            System.out.println(str.length ( ));
        } catch (NullPointerException e) {
            System.out.println(" 捕获到空指针异常：" + e.getMessage ( ));
        } finally {
            System.out.println(" 无论是否发生异常，都会执行这里的代码 ");
        }
    }
}
```

运行上述代码，结果显示调用空字符串导致的异常报错信息。执行结果如图 5-2-3 所示。

```
<已终止> NullPointerExceptionExample [Java 应用程序] D:\Program File\eclipse\eclipse\plugins\or
捕获到空指针异常：Cannot invoke "String.length()" because "str" is null
无论是否发生异常，都会执行这里的代码
```

图 5-2-3 执行结果

第三节 自定义异常

一、自定义异常概述

自定义异常是通过创建新的异常类来扩展现有的异常类，或定义新的异常类型。自定义异常可以用于特定的业务需求或异常情况，以便更好地处理和传递异常信息。例如，在一

个银行应用中，如果用户账户余额不足以完成转账操作，可以定义一个 InsufficientBalance-Exception 来表示余额不足的异常情况。又比如，在判断人员年龄的程序中，遇到年龄为负数的情况时，可以额外定义一个参数异常的自定义异常来表示年龄参数无效的情况。

1. 自定义异常的作用

（1）更好地区分异常类型

通过自定义异常类，可以根据具体的异常情况创建不同的异常类型，使代码能够更准确地捕获和处理特定类型的异常。

（2）提供更多的信息

自定义异常类可以包含额外的属性或方法，用于提供更多的关于异常产生原因的信息，帮助开发人员更好地理解和处理异常情况。

（3）增强代码的可读性

通过使用自定义异常，可以使代码更具可读性和可维护性，因为异常类型的名称和信息更贴近业务逻辑，减少了对标准异常的过度使用。

2. 自定义异常的注意事项

（1）继承合适的异常类

自定义异常类应该继承自 Java 程序中的异常类，如 Exception 类、RuntimeException 类等，根据具体情况选择合适的父类。通常情况下，如果希望自定义异常为受检异常（Checked Exception），则应该继承 Exception 类；如果希望自定义异常为运行时异常（Unchecked Exception），则应该继承 RuntimeException 类。

（2）提供合适的构造方法

自定义异常类应该提供多个构造方法，以便在抛出异常时提供不同的信息。通常应该包括无参构造方法、带有错误信息的构造方法和带有错误信息、原因的构造方法。

（3）准确描述异常信息

在自定义异常类中，应该准确描述异常的信息，使程序在异常捕获和处理时能够清晰地反映异常的原因及具体情况。异常信息应该简洁明了，有助于开发人员快速定位问题。

（4）不滥用自定义异常

避免过度使用自定义异常，应该根据具体业务需求和异常情况来选择是否需要自定义异常。有些情况下，使用标准异常已经能够很好地满足需求，不必为每种情况都定义新的异常类。

总之，在使用自定义异常时，需要谨慎考虑设计和使用，以提高代码的可读性、可维护性和异常处理的精确性。

二、自定义异常的流程

自定义异常主要包括选择基类、创建自定义异常类、抛出自定义异常、捕获自定义异常四个步骤。

1. 选择基类

编写自定义异常时，选择合适的基类，可以使自定义异常的语义更加清晰明了。当多个自定义异常都继承自同一个基类时，开发人员可以更容易地理解这些异常的关系和用途。如果将来需要添加新的自定义异常，基于已有的基类进行扩展会更加方便和一致。

基类通常可以选择继承自 Exception 或 RuntimeException。如果希望自定义异常为受检异常（CheckedException），则应该继承 Exception 类；如果希望自定义异常为运行时异常（Unchecked-Exception），则应该继承 RuntimeException 类。

例如，编写计算平方根程序，定义一个自定义异常类 CustomException 继承自 Exception 类。示例代码如下。

示例代码：

```
public class CustomException extends Exception {
        // 自定义异常类的实现
}
```

2. 创建自定义异常类

创建自定义异常类，定义异常的属性、构造方法和行为。在自定义异常类中可以添加额外的属性和方法，以便提供更多关于异常情况的信息。

示例代码：

```
public class CustomException extends Exception {
    public CustomException(String message) {
        super(message);
```

```
    }
    // 可以添加其他自定义的属性和方法
}
```

下面示例代码为上述案例中的 CustomeException 类，添加一个 errorCode 属性以及一个获取该错误码的方法，以获取更多的异常信息。

示例代码：

```
class CustomException extends Exception {
    // 自定义属性：错误码
    private int errorCode;
    // 构造方法，除了传递错误信息外，还可以传递错误码
    public CustomException(String message, int errorCode) {
        super(message);
        this.errorCode = errorCode;
    }
    // 自定义方法：获取错误码
    public int getErrorCode ( ) {
        return errorCode;
    }
    //（可选）自定义方法：设置错误码
    // 通常不建议在异常对象创建后修改其状态
    public void setErrorCode(int errorCode) {
        this.errorCode = errorCode;
    }
}
```

在 CustomExceptionExample 中，可以使用这个新的错误码功能来传递更多的关于异常的信息。示例代码如下。

示例代码：

```
public class CustomExceptionExample {
    // 模拟方法计算平方根，可能抛出自定义异常
```

```
    public static double calculateSquareRoot(double num) throws CustomException {
        if (num < 0) {
            // 假设为负数输入定义了一个特定的错误码
            int errorCode = 1001;
            throw new CustomException(" 输入的数字不能为负数 ", errorCode);
        }
        return Math.sqrt(num);
    }
    public static void main(String[ ] args) {
        double number = -5;
        try {
            double result = calculateSquareRoot(number);
            System.out.println(" 平方根是：" + result);
        } catch (CustomException e) {
            System.out.println(" 捕获到自定义异常：" + e.getMessage ( ));
            System.out.println(" 错误码是：" + e.getErrorCode ( ));
        }
    }
}
```

在这个修改后的例子中，当 calculateSquareRoot ( ) 方法检测到负数输入时，它会抛出一个带有错误码 1001 的 CustomException。在 main 主方法的 catch 代码块中，代码将捕获这个异常并打印出异常信息和错误码。

这样，除了异常信息，自定义异常还能获取到更多的上下文信息，可以更好地理解和处理异常信息。执行结果如图 5-3-1 所示。

```
捕获到自定义异常： 输入的数字不能为负数
错误码是： 1001
```

图 5-3-1　执行结果

3. 抛出自定义异常

在程序中遇到符合自定义异常条件的情况时，通过创建自定义异常对象并抛出该异常来表示特定的异常情况。例如，上述案例中的方法 calculateSquareRoot ( ) 就加入了 throws 关键字，用于抛出自定义异常。

一般定义抛出自定义异常，可按照以下代码格式进行编写，doSomething ( ) 可视作方法名，方法体内对一定会抛出自定义异常的情况，使用 throw 关键字直接抛出异常，可提高代码的可读性。

```
public void doSomething ( ) throws CustomException {
    // 某些情况下抛出自定义异常
    if (condition) {
        throw new CustomException("Custom exception message");
    }
}
```

4. 捕获自定义异常

在调用可能抛出自定义异常的方法时，需要在适当的地方捕获并处理自定义异常。捕获自定义异常的方式与捕获标准异常类似，可以使用 try-catch 块来捕获自定义异常并进行相应处理。

捕获自定义异常时，可按照以下代码格式进行编写，通过 try-catch 块捕捉异常。

```
try {
    doSomething ( );
} catch (CustomException e) {
    // 处理自定义异常
    System.out.println("Caught custom exception: " + e.getMessage ( ));
}
```

根据以上步骤，编写计算平方根程序，定义一个自定义异常类 CustomException 继承自 Exception 类，并添加一个带有消息的构造方法。在 CustomExceptionExample 类中，定义 calculateSquareRoot ( ) 方法，此方法的逻辑是，如果传入的参数小于零，则抛出 CustomException。在 main 主方法中，代码调用 calculateSquareRoot ( ) 方法并使用 try-catch 块捕获可能抛出的自定义异常（CustomException），以便输出异常信息。示例代码如下。

示例代码：

```
class CustomException extends Exception {
    public CustomException(String message) {
        super(message);
    }
}
public class CustomExceptionExample {
    // 模拟方法计算平方根，可能抛出自定义异常
    public static double calculateSquareRoot(double num) throws CustomException {
        if (num < 0) {
            throw new CustomException(" 输入的数字不能为负数 ");
        }
        return Math.sqrt(num);
    }
    public static void main(String[ ] args) {
        double number = -5;
        try {
            double result = calculateSquareRoot(number);
            System.out.println(" 平方根是 : " + result);
        } catch (CustomException e) {
            System.out.println(" 捕获到自定义异常 : " + e.getMessage ( ));
        }
    }
}
```

运行以上代码，结果显示传入 calculateSquareRoot ( ) 方法的参数是 -5 时，自定义异常类抛出的异常信息，执行结果如图 5-3-2 所示。

```
<已终止> CustomExceptionExample [Java 应用程序] D:\Program File\ecl
捕获到自定义异常： 输入的数字不能为负数
```

图 5-3-2　执行结果

实训案例 5 维修室计算机修理管理

一、案例要求

维修室的同学在接到维修任务后，需要处理课堂上计算机死机、计算机蓝屏、计算机无法上网等异常问题。一般来说，如果遇到计算机死机，就需要排查问题并修理计算机；如果遇到计算机蓝屏，就需要重启计算机并观察是否正常；如果遇到计算机无法上网，就需要检查网络与网络驱动。某日，某教师在课堂上遇到了计算机异常的情况，及时报修到维修室，维修室安排人员进行处理。根据案例需求，将计算机异常情况作为异常类进行处理，并通过面向对象思想抽象出实体类，用于编写程序表述各实体之间的关系。

二、案例分析

根据面向对象的思想，先确定上述案例中的实体及其行为，然后确定哪些实体可以抽象为类。根据案例描述，可以抽象出案例中的实体类，见表 5-3-1。

表 5-3-1　案例中的实体类

实体类	功能说明
ComputerCrashException	计算机死机的异常类
ComputerBlueScreenException	计算机蓝屏的异常类
ComputerNetworkOutageException	计算机无法上网的异常类
Teacher	教师类，表示报修的教师，包含基本信息和报修计算机问题的情况
Computer	计算机类，表示问题计算机，包含计算机的基本属性和方法
ComputerMaintenanceRoom	维修室类，负责接收通知与安排维修，包含接收教师类的通知方法以及安排学生维修的方法
ComputerRepairer	维修员类，负责处理计算机出现的异常情况，包含排查问题、修理计算机、重启计算机、检查网络与网络驱动等

三、案例实现

1. 创建 Java 项目

启动 Eclipse，在打开的 Eclipse 窗口中，依次单击“文件”“新建”“项目”选项，在选择向导对话框中，依次单击“Java”下的“Java 项目”选项，在弹出的“新建 Java 项目”对话框中，输入项目名“ExceptionCase”，单击“完成”按钮。

2. 在项目下创建包

在 ExceptionCase 项目下，依次单击“文件”“新建”“包”选项，或单击工具栏中的按钮，在弹出的“新建 Java 包”对话框中，输入包名称“com.scj.exception”，单击“完成”按钮。

3. 创建 Java 类

在当前 ExceptionCase 项目下，依次单击“文件”“新建”“类”选项，或单击工具栏中的按钮，在“新建 Java 类”对话框（见图 5-3-3）中进行以下操作。

图 5-3-3 “新建 Java 类”对话框

（1）确定源代码文件存放的包“com.scj.exception”。

（2）输入新建类的名称“ExceptionCase”。

（3）勾选“public static void main(String[ ] args)”复选框。

（4）单击“完成”按钮，即完成了一个类的框架创建。

此时，可以在包资源浏览器中看到类的源程序文件“ExceptionCase.java”。

4. 编写程序代码

示例代码：

```
public class ExceptionCase {
    public static void main(String[ ] args) {
        // 创建教师对象，同时传入带有异常情况的计算机对象参数
        Teacher teacher1 = new Teacher(" 张老师 ",new Computer(" 死机 "));
        teacher1.classing ( );
    }
}
// 计算机死机异常类
class ComputerCrashException extends Exception {
    public ComputerCrashException(String message) {
        super(message);
    }
}
// 计算机蓝屏异常类
class ComputerBlueScreenException extends Exception {
    public ComputerBlueScreenException(String message) {
        super(message);
    }
}
// 计算机断网异常类
class ComputerNetworkOutageException extends Exception {
    public ComputerNetworkOutageException(String message) {
```

```
        super(message);
    }
}
class Teacher{
    private String name;
    private Computer computer;
    ComputerMaintenanceRoom room = new ComputerMaintenanceRoom ( );
    public Teacher(String name, Computer computer) {
        this.name = name;
        this.computer = computer;
    }
    // 教师上课
    public void classing ( ) {
        try{
            computer.work(computer.statue);
        }catch (ComputerCrashException e){
            System.out.println(this.name + "：通知维修室，"+ e.getMessage ( ));
            room.receiveRequest(computer.statue,name);
        }catch (ComputerBlueScreenException e){
            System.out.println(this.name + "：通知维修室，"+ e.getMessage ( ));
            room.receiveRequest(computer.statue,name);
        }catch (ComputerNetworkOutageException e){
            System.out.println(this.name + "：通知维修室，"+ e.getMessage ( ));
            room.receiveRequest(computer.statue,name);
        }
    }
}
class Computer {
    String statue;
    String teacher;
```

```
    public Computer(String statue) {
        this.statue = statue;
    }
    public Computer(String statue,String teacher) {
        this.statue = statue;
        this.teacher = teacher;
    }
    public String getStatue ( ) {
        return statue;
    }
    // 计算机工作方法
     public void work(String statue) throws ComputerCrashException, ComputerBlueScreen
Exception, ComputerNetworkOutageException{
        if (statue.equals(" 死机 ")){
            throw new ComputerCrashException((" 计算机死机了 !"));
        }else if (statue.equals(" 蓝屏 ")){
            throw new ComputerBlueScreenException(" 计算机蓝屏了 !");
        }else if (statue.equals(" 无法上网 ")){
            throw new ComputerNetworkOutageException(" 计算机无法上网了 !");
        }else{
            System.out.println(" 计算机正常工作中……");
        }
    }
}

class ComputerMaintenanceRoom {
    public ComputerMaintenanceRoom ( ) {
    }

    // 维修室接收任务方法
```

```
    public void receiveRequest (String issue,String teacher) {
        System.out.println(" 维修室：收到来自 " + teacher + " 的计算机报修任务 !");
        assignTask(new Computer(issue,teacher));
    }

    // 维修室分配任务方法
    public void assignTask(Computer computer) {
        System.out.println(" 维修室：立刻安排同学前去维修 !");
        ComputerRepairer repairer = new ComputerRepairer ( );
        repairer.repair(computer);
    }
}
class ComputerRepairer {
    public void repair(Computer computer) {
        String issue = computer.getStatue ( );
        if (issue.equals(" 死机 ")) {
            System.out.println(" 维修室同学 : 排查问题并修理计算机……");
        } else if (issue.equals(" 蓝屏 ")) {
            System.out.println(" 维修室同学 : 重启计算机并观察是否正常……");
        } else if (issue.equals(" 无法上网 ")) {
            System.out.println(" 维修室同学 : 检查网络与网络驱动……");
        }
    }
}
```

上述代码中实现了一个教师报修计算机故障，维修室安排同学维修的场景，并通过异常处理机制处理不同类型的计算机故障。

5. 运行程序

在运行程序前，只需要修改代码主函数中“Teacher teacher1 = new Teacher(" 张老师 ",new Computer(" 死机 "));”的代码，即可模拟不同教师遇到计算机的异常情况。

在创建 Teacher 对象时，传入 " 张老师 " 与 " 死机 " 参数，单击 Eclipse 窗口中的“运行”按钮运行程序，程序运行结果如图 5-3-4 所示。

```
<已终止> ExceptionCase [Java 应用程序] D:\Program File\eclipse\eclipse\plugins\o
张老师：通知维修室，计算机死机了！
维修室：收到来自张老师的计算机报修问题！
维修室：立刻安排同学前去维修！
维修室同学： 排查问题并修理计算机······
```

图 5-3-4　程序运行结果

第六章　Java 图形用户界面程序设计

在计算机发展的早期阶段，用户与计算机交互主要依赖于命令行界面。随着计算机技术的进步，图形用户界面（graphical user interface，GUI）的应用日益广泛。相较于命令行界面，图形用户界面可通过文本、按钮、图片等丰富的控件，为用户提供更直观、更便捷的操作体验，使应用程序更加友好、更易于互动。本章将详细讲解如何编写带有文本、按钮、图片等控件的图形用户界面应用程序。

第一节　认识图形用户界面设计

一、图形用户界面概述

1. 图形用户界面的概念

图形用户界面是一种人与计算机进行通信交互的界面显示方式，它采用图形方式显示计算机用户操作界面，并允许用户使用鼠标、键盘等输入设备操纵屏幕上的图形元素（图标、按钮、菜单等），以协助用户完成执行命令、调用文件、启动程序等操作。

相较于传统的命令行窗口，GUI 由窗口、下拉菜单、对话框及其对应的图形化控制机制构成，在操作与视觉上更加直观、易用。同时，GUI 具有动作操作标准，即相同的操作总是以同样的方式来完成。用户看到和操作的都是图形对象，这些图形对象采用计算机图形学的技术来创建和呈现。

2. 图形用户界面的作用

（1）提供直观的操作界面

GUI 通过图形化的元素，如图标、按钮、菜单等，为用户提供直观的操作界面。例如，桌面 QQ 应用软件，用户可以通过简单的扫码，就可以完成复杂的登录操作，降低了使用门槛，提高了用户体验，其二维码登录界面如图 6-1-1 所示。

（2）提高用户体验

GUI 的设计注重用户友好性和美观性，使用户能够更轻松地与计算机系统进行交互。例如，微信良好的 GUI 设计可以提升用户满意度，增加用户对系统的好感度，从而提高用户的忠诚度，微信界面如图 6–1–2 所示。

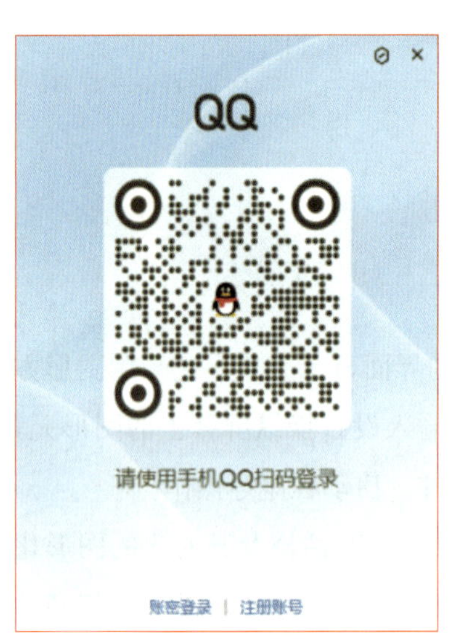

图 6-1-1　二维码登录界面

图 6-1-2　微信界面

（3）提高工作效率

相比于传统的命令行窗口，GUI 更加直观、易用，使用户能够更快速地完成任务。例如，Eclipse 导航菜单，通过图形化的操作界面，用户可以快速找到所需功能，减少了学习成本和操作时间，提高了工作效率。Eclipse 导航菜单如图 6–1–3 所示。

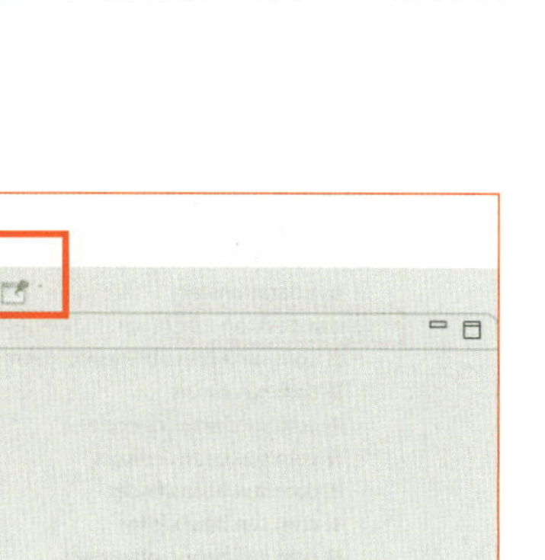

图 6-1-3　Eclipse 导航菜单

二、图形用户界面程序设计工具

1. 图像窗口工具包 AWT

Java 语言在设计之初，就十分重视图形用户界面的实现。早在 JDK 1.0 发布时，Sun 公司就为开发者提供了一套图形用户界面类库，并希望凭借 Java 语言“一次编译，到处运行”的优势，能够在所有平台上运行。这套 Java 语言的基本类库被称为抽象窗口工具类（abstract window toolkit，AWT），它为 Java 应用程序提供了基本的图形组件。

AWT 的图形化界面风格依赖于运行系统平台的 GUI，例如，如果用户在 Windows 平台上进行开发，它就表现出 Windows 界面风格；如果用户在 UNIX 系统上进行开发，它就是 UNIX 界面风格。

在 JRE 系统库的 java.desktop 模块中，可以确定 java.awt 类库包的位置。AWT 类库所在的位置如图 6-1-4 所示。

在 java.awt 包中，提供了基本的 GUI 设计工具，主要包括组件（Component）、容器（Container）和布局管理器（LayoutManager）。Component 类是一个抽象类，因此并不能独立地绘制图形，必须将组件放在一定的容器中才能展示图形。AWT 类库中不同组件间的继承关系如图 6-1-5 所示。

图 6-1-4　AWT 类库所在的位置

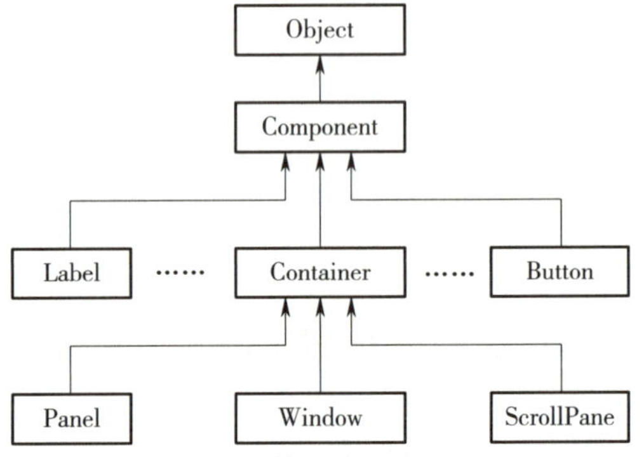

图 6-1-5　AWT 类库中不同组件间的继承关系

2. 轻量级工具包 Swing

（1）Swing 的概念

Swing 工具包开发图形界面比 AWT 更优秀，因为 Swing 工具包是一种轻量级组件，它采用 100% 的 Java 实现，不再依赖于本地平台的图形界面，可以在所有平台上保持相同的效果，支持跨平台运行。

由于 Swing 工具包内几乎所有组件都采用纯 Java 实现，因此无须考虑底层平台是否支持该组件，Swing 可以提供如 JTabbedPane、JDesktopPane、JInternalFrame 等特殊的容器，也可以提供像 JTree、JTable、JSpinner、JSlider 等特殊的 GUI 组件。

除此之外，Swing 工具包中的组件都采用模型—视图—控制器（model-view-controller，MVC）设计模式，从而可以实现 GUI 组件显示逻辑和数据逻辑的分离，提供了处理用户输入的控制器（controller），包括键盘、鼠标等事件的输入，显示用户界面的图像视图（view），以及保存数据与代码的模型（model）。MVC 模型如图 6-1-6 所示。

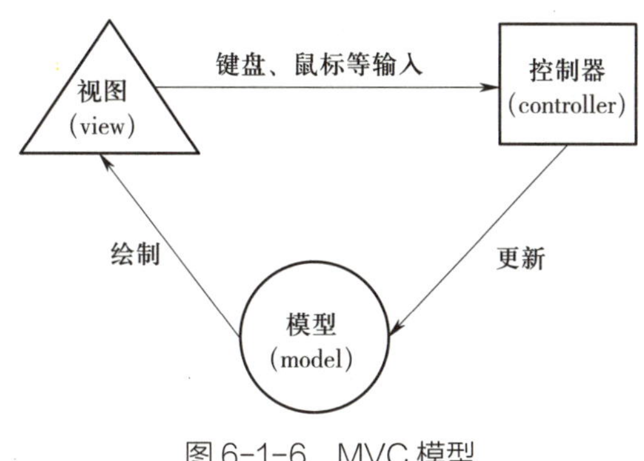

图 6-1-6 MVC 模型

（2）Swing 工具包的优势

Swing 工具包提供了比 AWT 工具包更多的图形界面组件，可以开发出更美观的图形界面。由于 AWT 直接调用底层平台的 GUI 来实现，而不同平台的 GUI 组件存在差异，所以如果程序需要兼容多种平台，AWT 就需要使用这些平台上 GUI 组件的交集，这在一定程度上限制了 AWT 所支持 GUI 组件的丰富性。

Swing 工具包是 Java 的 GUI 工具包，而 AWT 工具包是 Java 的原始 GUI 工具包。Swing 工具包相对于 AWT 工具包有以下优势。

1）跨平台性更好

Swing 工具包是基于 Java 绘制的，而 AWT 工具包依赖于本地操作系统的 GUI 组件。因此，Swing 工具包的外观和行为在不同平台上更加一致。

2）功能更强大

Swing 工具包提供了更多的 GUI 组件和功能，如表格、树形控件、滑块等，使其用户界面更加丰富和灵活。

3）可定制性更强

Swing 工具包提供了更多的定制选项，可以轻松地实现自定义的外观和行为。

4）更好的性能

Swing 工具包采用双缓冲技术，可以提高绘图性能。

3. JFrame 等组件

Swing 工具包的组件很多，按照 Swing 工具包的组件功能分类，JFrame 属于顶层容器，JPanel 属于中间容器，而 JButton、JPasswordField 与 JTextField 属于基本组件。

（1）JFrame

JFrame 继承自 java.awt.Frame 类并且是其拓展版本，JFrame 的继承关系如图 6-1-7 所示。

JFrame 为用户提供更丰富的功能和更灵活的界面设计选项，主要用于创建顶层窗体并构建用户界面，使开发人员可以轻松地创建具有标题栏、边框和控件的窗体，并实现各种交互效果。

```
java.lang.Object
    java.awt.Component
        java.awt.Container
            java.awt.Window
                java.awt.Frame
                    javax.swing.JFrame
```

图 6-1-7　JFrame 的继承关系

JFrame 类的默认构造方法见表 6-1-1。

表 6-1-1　JFrame 类的默认构造方法

构造方法	说明
JFrame ( )	构造一个最初不可见的新 JFrame
JFrame(GraphicsConfiguration gc)	在屏幕设备指定的 GraphicsConfiguration 中创建一个空白标题的 JFrame
JFrame(String title)	创建一个最初不可见的、具有指定标题的 JFrame
JFrame(String title, GraphicsConfiguration gc)	在屏幕设备指定的 GraphicsConfiguration 中创建一个带有指定标题的 JFrame

在窗体创建后，需要对窗体进行大小、位置、是否可见等设置时，JFrame 类提供了相应的方法。JFrame 类提供的常用方法见表 6-1-2。

表 6-1-2　JFrame 类提供的常用方法

常用方法	说明
setSize(int width,int height)	设置窗体的宽与高
setLocation(int x,int y)	设置窗体处于屏幕中的坐标位置
setVisiable(boolean b)	设置窗体是否可见
setResizable(boolean resizable)	设置窗体能否被拉伸
setTitle(String title)	设置窗体标题
setIconImage(Image image)	设置窗体图标
setDefaultCloseOperation(int operation)	设置窗体的关闭方式，默认情况下无法关闭

（2）JPanel

JPanel 继承自 javas.swing.JComponent，JPanel 的继承关系如图 6–1–8 所示。JPanel 必须放置在窗体容器中使用，而无法脱离窗体类独自使用。

```
java.lang.Object
    java.awt.Component
        java.awt.Container
            javax.swing.JComponent
                javax.swing.JPanel
```

图 6-1-8 JPanel 的继承关系

JPanel 类的默认构造方法见表 6–1–3。

表 6-1-3 JPanel 类的默认构造方法

构造方法	说明
JPanel ( )	创建具有双缓冲区和流布局的新 JPanel
JPanel(boolean isDoubleBufferd)	默认使用 FlowLayout 和指定缓冲策略创建一个新的 JPanel
JPanel(boolean isDoubleBufferd)	使用指定的布局管理器创建一个新的带缓冲区的 JPannel
JPanel(LayoutManager layout, boolean isDouble Bufferd)	使用指定的布局管理器和缓冲策略创建一个新的 JPanel

在创建 JPanel 后，需要对面板进行添加组件、设置面板背景色、设置布局管理器等操作时，JPanel 类提供的常用方法见表 6–1–4。

表 6-1-4 JPanel 类提供的常用方法

常用方法	说明
add(Component comp)	将指定的组件添加到面板上
setLayout(LayoutManager manager)	设置面板的布局管理器
setBackground(Color color)	设置面板的背景颜色
remove(Component comp)	从面板中移除指定的组件
setEnable(boolean enabled)	设置面板是否可用，通过此方法启用或禁用面板上的所有组件

（3）JButton

JButton 继承自 javax.swing.AbstractButton，JButton 的继承关系如图 6-1-9 所示。它可以显示文本与图标，实现各种按钮的样式与功能。

```
java.lang.Object
    java.awt.Component
        java.awt.Container
            javax.swing.JComponent
                javax.swing.AbstractButton
                    javax.swing.JButton
```

图 6-1-9　JButton 的继承关系

JButton 类的默认构造方法见表 6-1-5。

表 6-1-5　JButton 类的默认构造方法

构造方法	说明
JButton ( )	创建一个没有文本和图标的空按钮
JButton(String text)	创建一个带有指定文本的按钮
JButton(Icon icon)	创建一个带有指定图标的按钮
JButton(String text, Icon icon)	创建一个同时包含文本和图标的按钮
JButton(Action a)	使用指定的动作（Action 对象）创建一个按钮，Action 对象封装了按钮执行的操作、文本、图标等属性

在创建 JButton 后，需要对按钮进行文本设置、悬浮提示、监听器添加等操作时，JButton 类提供的常用方法见表 6-1-6。

表 6-1-6　JButton 类提供的常用方法

常用方法	说明
setText(String text)	设置按钮的文本内容
setToolTipText(String text)	设置按钮的工具提示文本，当鼠标悬停在按钮上时显示
addActionListener(ActionListene listener)	添加一个监听器来处理按钮的点击事件
setBackground(Color color)	设置按钮的背景颜色

(4) JPasswordField

JPasswordField 继承自 javax.swing.JTextField，JPasswordField 的继承关系如图 6–1–10 所示。JPasswordField 是 Swing 中的一个文本框组件，与普通的文本框不同，用于接收密码输入。输入 JpasswordField 中的内容会以字符形式显示，通常显示为星号或其他符号，从而隐藏实际输入的密码内容，以增加安全性。

```
java.lang.Object
    java.awt.Component
        java.awt.Container
            javax.swing.JComponent
                javax.swing.text.JTextComponent
                    javax.swing.JTextField
                        javax.swing.JPasswordField
```

图 6-1-10　JPasswordField 的继承关系

JPasswordField 类的默认构造方法见表 6–1–7。

表 6-1-7　JPasswordField 类的默认构造方法

构造方法	说明
JPasswordField ( )	创建一个不包含初始文本内容的密码输入框
JPasswordField(int columns)	创建一个指定列数的密码输入框，用于限制输入字符的数量
JPasswordField(String text)	创建一个包含指定文本内容的密码输入框
JPasswordField(String text, int columns)	创建一个包含指定文本内容和列数的密码输入框
JPasswordField(Document doc,String txt,int columns)	创建一个密码输入框，并且指定了使用的文档模型、初始文本内容和列数

在创建 JPasswordField 后，需要对密码框进行输入字符掩码、文本获取、监听器设置等操作时，JPasswordField 类提供的常用方法见表 6–1–8。

表 6-1-8　JPasswordField 类提供的常用方法

常用方法	说明
setEchoChar(char echoChar)	设置密码输入框中显示的掩码字符，用于隐藏实际输入的密码内容，默认使用圆点符号
getText ( )	获取密码输入框中的文本内容，返回的是一个 String 类型的文本

续表

常用方法	说明
addActionListener(ActionListene listener)	添加一个监听器来处理密码输入框的事件
setText(String text)	设置密码输入框的文本内容
setColumns(int columns)	设置密码输入框的列数
setEnabled(boolean enabled)	启用或禁用密码输入框

（5）JTextField

JTextField 继承自 javax.swing.text.JTextComponent，JTextField 的继承关系如图 6-1-11 所示。JTextField 用于接受单行文本输入，是一个文本框，允许用户在其中输入文本内容。

```
java.lang.Object
    java.awt.Component
        java.awt.Container
            javax.swing.JComponent
                javax.swing.text.JTextComponent
                    javax.swing.JTextField
```

图 6-1-11　JTextField 的继承关系

JTextField 类的默认构造方法见表 6-1-9。

表 6-1-9　JTextField 类的默认构造方法

构造方法	说明
JTextField ()	创建一个不包含文本内容的空文本框
JTextField(int columns)	创建一个指定列数的文本框
JTextField(String text)	创建一个包含指定文本内容的文本框
JTextField(String text, int columns)	创建一个包含指定文本内容和列数的文本框
JTextField(Document doc, String text, int columns)	使用指定的文档模型（Document）创建一个包含指定文本内容和列数的文本框

与 JPasswordField 类似，在创建 JTextField 后，需要对文本框进行文本获取、文本设置、监听器添加等操作时，JTextField 类提供的常用方法见表 6-1-10。

表 6-1-10　JTextField 类提供的常用方法

常用方法	说明
setText(String text)	设置文本框的文本内容为指定文本
getText ( )	用于获取文本框中当前显示的文本内容
addActionListener(ActionListene listener)	添加一个监听器来处理文本框的事件
setEditable(boolean editable)	设置文本框是否可编辑

第二节　图形用户界面布局

一、布局管理器

在 Java 程序中，布局管理器（LayoutManager）是用于管理和控制 GUI 组件在容器中摆放位置和形状大小的工具。布局管理器负责确定每个组件在容器中的位置，并确保它们在窗口调整大小或布局变化时能够正确地重新排列。

在 GUI 设计中，布局管理器扮演着至关重要的角色，其可帮助开发人员有效地组织和布局 GUI 组件，以创建具有良好外观和用户友好性的交互界面。不同的布局管理器有不同的布局方式，如流布局（FlowLayout）、网格布局（GridLayout）、边界布局（BorderLayout）、卡片布局（CardLayout）等，开发人员可以根据需要选择合适的布局管理器来实现所需的界面布局效果。通过合理地使用布局管理器，可以提高 GUI 界面的可维护性、可扩展性和用户体验。布局管理器的主要作用包括以下几点。

1. 自动布局

根据布局管理器的设置，自动调整组件的位置和大小，以适应容器的大小和布局需求。

2. 组件排列

确定组件在容器中的相对位置，使界面看起来更加整齐有序。

3. 简化开发

通过使用布局管理器，开发人员可以更轻松地设计和构建复杂的 GUI 界面，而无须手动计算和调整每个组件的位置。

二、常见布局方式

1. 流布局

在流布局（FlowLayout）中，组件按从左到右而后从上到下的顺序，如流水一般，碰到障碍（边界）就折回，从头排序。简单来说，就是组件一行放不下，就重新排列。流布局左对齐示意图如图 6-2-1 所示。

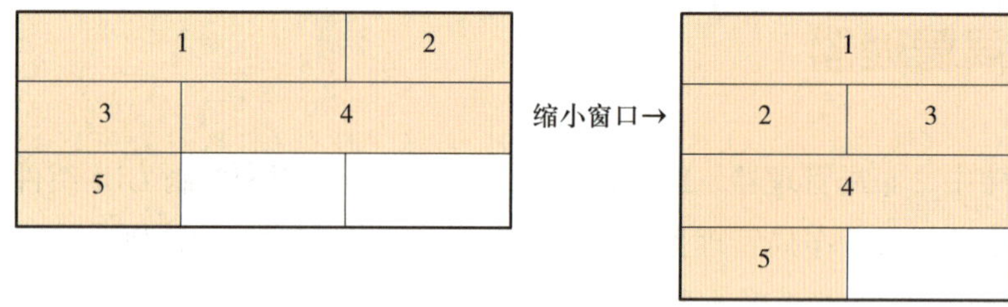

图 6-2-1　流布局左对齐示意图

流布局（FlowLayout）的默认构造方法见表 6-2-1。

其中，FlowLayout(int align) 中的 align 的取值见表 6-2-2。

表 6-2-1　流布局（FlowLayout）的默认构造方法

构造方法	说明
FlowLayout ( )	创建一个新的流布局对象，使用默认居中对齐方式，并以 5 个像素作为垂直与水平方向的间距
FlowLayout(int align)	创建一个新的流布局对象，使用 align 来控制布局内部的组件排列方式，并以 5 个像素作为垂直与水平方向的间距
FlowLayout(int align, int hgap, int vgap)	创建一个新的流布局对象，布局方式与间隔距离由使用者指定，hgap 代表水平间隙，vgap 代表垂直间隙

表 6-2-2　FlowLayout(int align) 中的 align 的取值

align 的取值	说明
FlowLayout.LEFT	组件左对齐
FlowLayout.RIGHT	组件右对齐
FlowLayout.CENTER	组件居中对齐
FlowLayout.LEADING	组件与容器方向开始边对应
FlowLayout.TRAILING	组件与容器方向结束边对应

2. 网格布局

在网格布局（GridLayout）中，GridLayout 布局管理器将容器分割为多个矩形块（即网格），组件可以按照行与列的方向进行排列。在网格布局中，网格的数量由行数与列数决定，且被分割的网格所占区域的面积大小相同。网格布局示意图如图 6-2-2 所示。

1	2	3	4
5	6	7	8
9	10	11	12

图 6-2-2　网格布局示意图

网格布局（GridLayout）的默认构造方法见表 6-2-3。

表 6-2-3　网格布局（GridLayout）的默认构造方法

构造方法	说明
GridLayout ( )	创建一个新的网格布局对象，默认情况下一行中每个组件占一列
GridLayout(int rows, int cols)	创建一个新的网格布局对象，采用指定的行数与列数，rows 代表行数，cols 代表列数
GridLayout(int rows, int cols, int hgap, int vgap)	创建一个新的网格布局对象，使用指定的行数、列数，以及指定的横向间距、纵向间距将容器分割为多个网格

3. 边界布局

边界布局（BorderLayout）是 Frame 窗口、Dialog 对话框、ScrollPane 容器的默认布局管理方式。边界布局将容器分为东（east）、西（west）、南（south）、北（north）、中（center）五个区域，组件可以在五个区域中任意选择一个放置。边界布局的五个区域如图 6-2-3 所示。

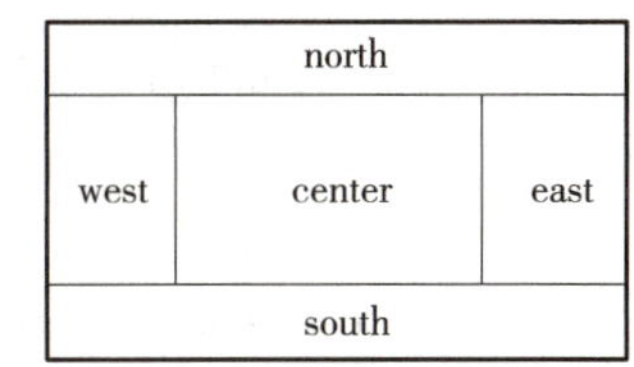

图 6-2-3　边界布局的五个区域

一般来说，使用边界布局添加组件且不指定组件放置的区域时，默认会将组件放置在 center 区域；如果向同一区域中添加多个组件时，后放置的区域会覆盖掉先放入的组件。

边界布局（BorderLayout）的默认构造方法见表 6-2-4。

表 6-2-4　边界布局（BorderLayout）的默认构造方法

构造方法	说明
BorderLayout ( )	创建一个新的边界布局对象，默认情况下组件间没有间距（0 像素）
BorderLayout(int hgap, int vgap)	创建一个新的边界布局对象，采用指定的横向间距与纵向间距，hgap 代表横向间距，vgap 代表纵向间距

4. 卡片布局

卡片布局（CardLayout）可以将一组组件看作一叠卡片，每次只显示其中一个组件，用户可以根据需求选择要显示的组件，类似于一组扑克牌，将它们叠在一起，每次取牌时只有最上面的扑克牌可见。卡片布局示意图如图 6-2-4 所示。

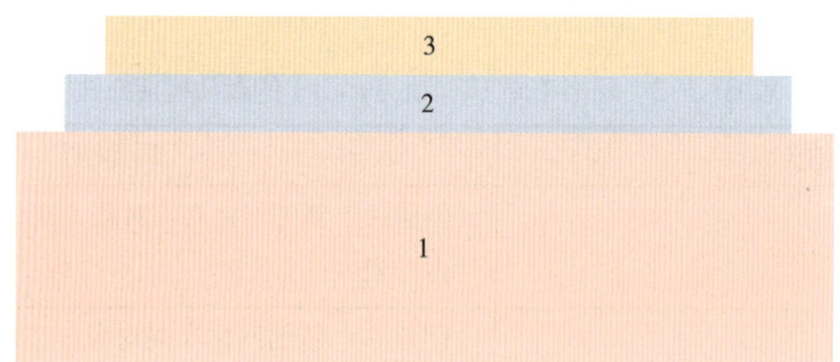

图 6-2-4　卡片布局示意图

卡片布局（CardLayout）的默认构造方法见表 6-2-5。

表 6-2-5　卡片布局（CardLayout）的默认构造方法

构造方法	说明
CardLayout ( )	创建一个新的卡片布局对象，默认情况下组件间没有间距（0 像素）
CardLayout(int hgap, int vgap)	创建一个新的卡片布局对象，通过指定卡片与容器左右边界的间距（hgap）和上下边界的间距（vgap）来创建卡片布局管理器

三、布局方式的使用方法

1. 流布局的使用

流布局的使用主要包括以下步骤。

（1）创建 JFrame 对象（即窗口）作为容器。

（2）设置窗口的标题、宽度、高度等属性。

（3）创建一个 JPanel 对象，布局管理器设置为 FlowLayout。

（4）创建组件，并将它们添加到 JPanel 中。

例如，使用流布局排列 50 个按钮，要求窗口标题为 FlowLayoutDemo、大小为宽 800 像素和高 300 像素、默认关闭操作为退出应用程序。示例代码如下。

示例代码：

```
import java.awt.FlowLayout;
import javax.swing.JButton;
import javax.swing.JFrame;
import javax.swing.JPanel;
public class FlowLayoutDemo {
    public static void main(String[ ] args) {
        JFrame frame = new JFrame("FlowLayoutDemo");
        // 设置窗口的默认关闭操作为退出应用程序
        frame.setDefaultCloseOperation(JFrame.EXIT_ON_CLOSE);
        frame.setSize(800, 300);
        JPanel panel = new JPanel ( );
        panel.setLayout(new FlowLayout ( ));
        for (int i = 1; i <= 50; i++) {
            panel.add(new JButton("Button " + i));
        }
        frame.add(panel);
        // 显示窗口应用程序
        frame.setVisible(true);
```

```
    }
}
```

执行后的结果如图 6-2-5 所示。

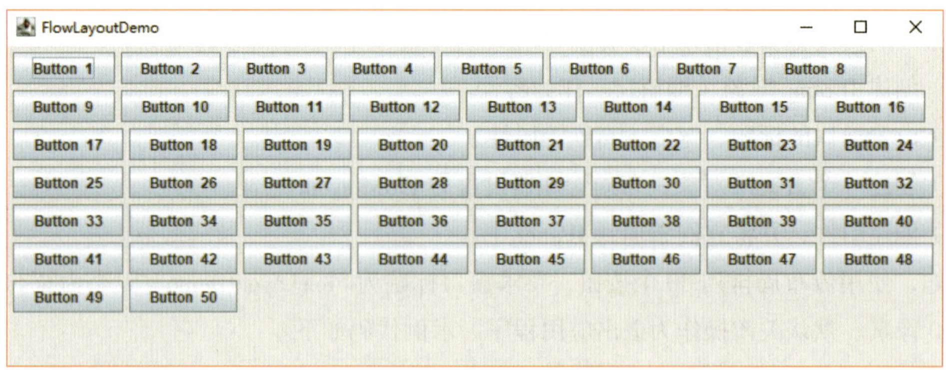

图 6-2-5　执行后的结果

2. 网格布局的使用

网格布局的使用主要包括以下步骤。

（1）创建 JFrame 对象（即窗口）作为容器。

（2）设置窗口的标题、宽度、高度等属性。

（3）创建一个 JPanel 对象，布局管理器设置为 GridLayout。

（4）创建组件，并将它们添加到 JPanel 中。

例如，使用网络布局排列 15 个按钮，要求该布局以 3 行 5 列的网格排列组件，并自动调整窗口大小以适应组件的大小。示例代码如下。

示例代码：

```
import java.awt.BorderLayout;
import java.awt.Container;
import java.awt.GridLayout;
import javax.swing.JButton;
import javax.swing.JFrame;
import javax.swing.JPanel;
public class GridLayoutDemo {
```

```
    public static void main(String[ ] args) {
        JFrame frame = new JFrame("GridLayoutDemo");
        frame.setDefaultCloseOperation(JFrame.EXIT_ON_CLOSE);
        JPanel buttonPanel = new JPanel ( );
        buttonPanel.setLayout(new GridLayout(3, 5));
        for (int i = 1; i <= 15; i++) {
            buttonPanel.add(new JButton("Button  " + i));
        }
        frame.add(buttonPanel, BorderLayout.CENTER);
        frame.pack ( );
        frame.setVisible(true);
    }
}
```

执行后的结果如图 6-2-6 所示。

图 6-2-6　执行后的结果

3. 边界布局的使用

边界布局的使用主要包括以下步骤。

（1）创建 JFrame 对象（即窗口）作为容器。

（2）设置窗口的标题、宽度、高度等属性。

（3）创建一个 JPanel 对象，布局管理器设置为 BorderLayout。

（4）创建组件，并将它们添加到 JPanel 中。

例如，使用边界布局排列 5 个按钮，要求设置窗口标题为“BorderLayoutDemo”，指定水平和垂直间距为 5 像素，添加 5 个 JButton，分别放置在 BorderLayout 的不同区域：“北”按钮添加到北部（BorderLayout.NORTH）；“南”按钮添加到南部（BorderLayout.SOUTH）；“东”按钮添加到东部（BorderLayout.EAST）；“西”按钮添加到西部（BorderLayout.WEST）；“中”按钮添加到中部（BorderLayout.CENTER），使窗口根据内部组件的大小自动调整大小。示例代码如下。

示例代码：

```
import java.awt.BorderLayout;
import javax.swing.JButton;
import javax.swing.JFrame;
import javax.swing.JPanel;
public class BorderLayoutDemo {
    public static void main(String[ ] args) {
        JFrame frame = new JFrame("BorderLayoutDemo");
        frame.setDefaultCloseOperation(JFrame.EXIT_ON_CLOSE);
        JPanel buttonPanel = new JPanel ( );
        buttonPanel.setLayout(new BorderLayout(5,5));
        buttonPanel.add(new JButton(" 北 "), BorderLayout.NORTH);
        buttonPanel.add(new JButton(" 南 "), BorderLayout.SOUTH);
        buttonPanel.add(new JButton(" 东 "), BorderLayout.EAST);
        buttonPanel.add(new JButton(" 西 "), BorderLayout.WEST);
        buttonPanel.add(new JButton(" 中 "), BorderLayout.CENTER);
        frame.add(buttonPanel);
        frame.pack ( );
        frame.setVisible(true);
    }
}
```

执行后的结果如图 6-2-7 所示。

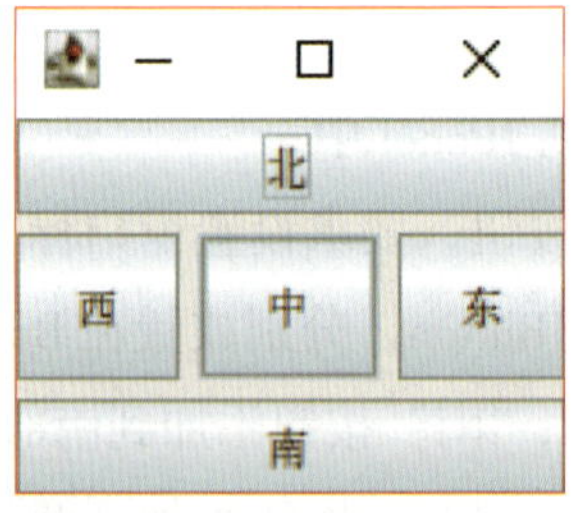

图 6-2-7　执行后的结果

4. 卡片布局的使用

卡片布局的使用主要包括以下步骤。

（1）创建 JFrame 对象（即窗口）作为容器。

（2）设置窗口的标题、宽度、高度等属性。

（3）创建一个 JPanel 对象，布局管理器设置为 CardLayout。

（4）创建组件，并将它们添加到 JPanel 中。

例如，使用卡片布局切换显示 5 个按钮，要求设置窗口标题为“CardLayoutDemo”，创建 5 个带有不同文本的 JButton 作为卡片，设置按钮的首选大小为 200 像素 ×200 像素，同时为每个卡片指定一个唯一的名称（card1 到 card5），单击按钮切换到下一个卡片，使窗口适应内部组件的大小。示例代码如下。

示例代码：

```
import java.awt.BorderLayout;
import java.awt.CardLayout;
import java.awt.Container;
import java.awt.Dimension;
import javax.swing.JButton;
import javax.swing.JFrame;
import javax.swing.JPanel;
public class CardLayoutDemo {
    public static void main(String[ ] args) {
        JFrame frame = new JFrame("CardLayoutDemo");
        frame.setDefaultCloseOperation(JFrame.EXIT_ON_CLOSE);
        JPanel cardPanel = new JPanel ( );
        CardLayout cardLayout = new CardLayout ( );
        cardPanel.setLayout(cardLayout);
        for (int i = 1; i <= 5; i++) {
            JButton card = new JButton("Card_Button " + i);
            card.setPreferredSize(new Dimension(200, 200));
            cardPanel.add(card, "card" + i);
        }
```

```
        frame.add(cardPanel, BorderLayout.CENTER);
        JPanel buttonPanel = new JPanel ( );
        JButton nextButton = new JButton(" 下一个 Card_Button");
        buttonPanel.add(nextButton);
        frame.add(buttonPanel, BorderLayout.SOUTH);
        nextButton.addActionListener(e -> cardLayout.next(cardPanel));
        frame.pack ( );
        frame.setVisible(true);
    }
}
```

执行后的结果如图 6-2-8 所示，单击“下一个 Card_Button”按钮能切换 Card_Button。

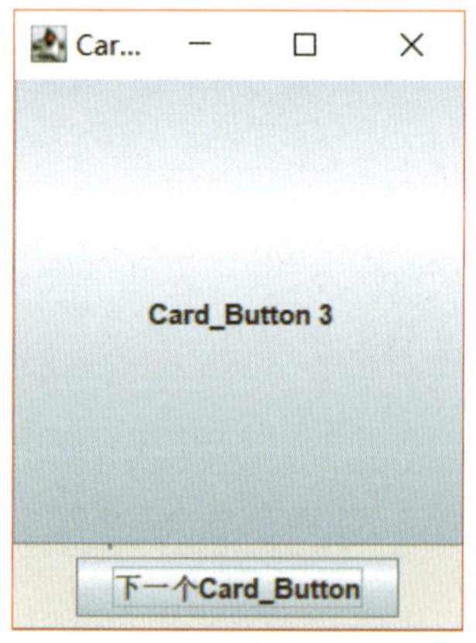

图 6-2-8　执行后的结果

第三节　事件委托处理

一、Java 事件处理机制

将一个界面设计的合理、美观之后，接下来要使界面与用户进行互动。Java 事件处理机制是一种用于处理用户交互或系统事件的机制，它允许程序在特定事件发生时执行相应的操作。

在 Java 程序中，事件可以是用户输入、鼠标点击、键盘按键、窗口状态改变等操作，通过事件处理机制可以捕获这些事件并做出相应的响应。

例如，使用 frame.setDefaultCloseOperation(JFrame.EXIT_ON_CLOSE) 方法关闭窗口就是一种 Java 事件处理。

事件处理机制的主要作用如下：

1. 事件处理机制允许程序对用户的操作做出响应，例如单击按钮、移动鼠标等操作会触发相应的事件，程序可以捕获这些事件并执行相应的操作，从而丰富用户使用体验。

2. 通过事件处理机制，事件源和事件监听器之间实现了解耦，使程序的不同部分之间可以独立地进行交互和通信。

3. 在事件处理机制中，可以根据实际需求注册或移除不同的事件监听器，从而实现不同的行为和逻辑。

4. 在事件处理机制中，事件监听器是可以重复使用的，可以在不同的场景中使用相同的事件监听器来处理不同的事件。

二、事件监听类

事件监听类是用于监听和处理特定类型事件的类。AWT 工具包中提供了一套用于处理 GUI 事件的事件监听类，可以通过注册事件监听器（也称事件处理器）来监听特定的事件，并在事件发生时执行相应的操作。常用的事件监听器见表 6-3-1。

表 6-3-1 常用的事件监听器

事件监听器	说明
ActionListener	用于监听点击按钮等动作事件，当用户点击按钮时，会触发 ActionEvent 事件
MouseListener	用于监听鼠标事件，如点击、释放、进入、退出等事件
KeyListener	用于监听键盘按键事件，如按下按键、释放按键等事件，当用户在组件上按下或释放按键时，会触发 KeyEvent 事件
DocumentListener	用于监听文本组件中文本的变化，当用户删除或插入文字时，会触发 DocumentEvent 事件
WindowListener	用于监听窗口事件，如窗口打开、关闭、激活、最小化等事件，当窗口状态发生变化时，会触发相应的窗口事件

续表

事件监听器	说明
ComponentListener	用于监听组件事件，如组件大小改变、可见性改变等事件
FocusListener	用于监听焦点事件，如组件获得焦点、失去焦点等事件

三、事件的创建及处理

1. 鼠标事件的创建及处理

鼠标事件的创建及处理的主要步骤如下。

（1）定义鼠标事件监听器。

（2）重写鼠标事件处理方法。

（3）注册鼠标事件监听器。

例如，处理鼠标点击事件，根据鼠标左右按键的不同操作显示不同的文本提示；处理鼠标按下事件，显示“鼠标已按下”文本提示；处理鼠标释放事件，显示“鼠标已释放”文本提示；处理鼠标进入组件事件，显示“鼠标已进入组件”文本提示；处理鼠标离开组件事件，显示“鼠标已离开组件”文本提示。示例代码如下。

示例代码：

```
import java.awt.event.MouseEvent;
import java.awt.event.MouseListener;
import javax.swing.JFrame;
import javax.swing.JLabel;
public class MouseClickDemo implements MouseListener {
    private JFrame frame;
    private JLabel label;
    public MouseClickDemo () {
        frame = new JFrame(" 鼠标事件示例 ");
        label = new JLabel ();
        label.addMouseListener(this);
        frame.add(label);
```

```
        frame.setSize(300, 200);
        frame.setDefaultCloseOperation(JFrame.EXIT_ON_CLOSE);
        frame.setVisible(true);
    }
    @Override
    public void mouseClicked(MouseEvent e) {
        if (e.getButton ( ) == MouseEvent.BUTTON1) {
            label.setText(" 左键点击 ");
        } else if (e.getButton ( ) == MouseEvent.BUTTON3) {
            label.setText(" 右键点击 ");
        }
    }
    @Override
    public void mousePressed(MouseEvent e) {
        // 鼠标按下时触发的事件
        label.setText(" 鼠标已按下 ");
    }
    @Override
    public void mouseReleased(MouseEvent e) {
        // 鼠标释放时触发的事件
        label.setText(" 鼠标已释放 ");
    }
    @Override
    public void mouseEntered(MouseEvent e) {
        // 鼠标进入组件时触发的事件
        label.setText(" 鼠标已进入组件 ");
    }
    @Override
    public void mouseExited(MouseEvent e) {
        // 鼠标离开组件时触发的事件
```

```
            label.setText(" 鼠标已离开组件 ");
        }
        public static void main(String[ ] args) {
            MouseClickDemo demo =  new MouseClickDemo ( );
        }
    }
```

上述案例代码的编写步骤如下。

（1）定义 MouseClickDemo

代码中定义了一个 MouseClickDemo 类，并实现了 MouseListener 接口，用于处理鼠标事件。

（2）声明成员变量

声明了一个 JFrame 对象 frame 和一个 JLabel 对象 label，用于显示窗口和文本标签。

（3）构造方法 MouseClickDemo ( )

在构造方法中初始化窗口和标签，将当前对象注册为“label”的鼠标事件监听器。

（4）注册鼠标事件监听器

使用 label.addMouseListener(this) 将当前对象注册为 label 的鼠标事件监听器。

（5）添加标签到窗口

使用 frame.add(label) 将标签添加到窗口中显示。

（6）设置窗口属性

使用 frame.setSize(300, 200) 设置窗口大小为宽 300 像素、高 200 像素；使用 frame.setDefaultCloseOperation(JFrame.EXIT_ON_CLOSE) 设置窗口的默认关闭操作为退出程序；使用 frame.setVisible(true) 显示窗口，让用户可以看到标签与鼠标交互。

（7）实现 MouseListener 接口的方法

1）mouseClicked(MouseEvent e)：处理鼠标点击事件，根据鼠标左右按键的不同操作显示不同的文本提示。

2）mousePressed(MouseEvent e)：处理鼠标按下事件，显示“鼠标已按下”文本提示。

3）mouseReleased(MouseEvent e)：处理鼠标释放事件，显示“鼠标已释放”文本提示。

4）mouseEntered(MouseEvent e)：处理鼠标进入组件事件，显示“鼠标已进入组件”文本提示。

5）mouseExited(MouseEvent e)：处理鼠标离开组件事件，显示“鼠标已离开组件”文本

提示。

最后，在 main 方法中创建 MouseClickDemo 对象，从而启动应用程序并显示窗口。

运行上述代码，鼠标点击事件执行结果如图 6-3-1 所示。

图 6-3-1　鼠标点击事件执行结果

2. 键盘事件的创建及处理

键盘事件的创建及处理的主要步骤如下。

（1）定义键盘事件监听器。

（2）重写键盘事件处理方法。

（3）注册键盘事件监听器。

例如，处理键被按下事件，打印按下的按键字符到控制台；处理键被释放事件，打印释放的按键字符到控制台；处理键被输入事件，打印输入的按键字符到控制台。示例代码如下。

示例代码：

```
import java.awt.event.KeyEvent;
import java.awt.event.KeyListener;
import javax.swing.JFrame;
import javax.swing.JLabel;
import javax.swing.JTextArea;
```

```
public class KeyListenerDemo extends JFrame implements KeyListener {
    private JTextArea textArea;
    public KeyListenerDemo ( ) {
        textArea = new JTextArea ( );
        textArea.addKeyListener(this);
        add(textArea);
        setTitle(" 键盘事件监听示例 ");
        setSize(300, 200);
        setDefaultCloseOperation(JFrame.EXIT_ON_CLOSE);
        setVisible(true);
    }
    @Override
    public void keyPressed(KeyEvent e) {
        System.out.println(" 按键被按下：" + e.getKeyChar ( ));
    }
    @Override
    public void keyReleased(KeyEvent e) {
        System.out.println(" 按键被释放：" + e.getKeyChar ( ));
    }
    @Override
    public void keyTyped(KeyEvent e) {
        System.out.println(" 按键被输入：" + e.getKeyChar ( ));
    }
    public static void main(String[ ] args) {
        new KeyListenerDemo ( );
    }
}
```

上述案例代码的编写步骤如下。

（1）定义 KeyListenerDemo

定义名为 KeyListenerDemo 的类，此类继承了 JFrame 类并实现了 KeyListener 接口，用于处理键盘事件。

（2）声明成员变量

声明一个 JTextArea 对象 textArea，用于显示文本区域。

（3）构造方法 KeyListenerDemo ( )

在构造方法中初始化文本区域 textArea，并将当前对象注册为 textArea 的键盘事件监听器。

（4）注册键盘事件监听器

使用 textArea.addKeyListener(this) 将当前对象注册为 textArea 的键盘事件监听器。

（5）添加文本区域到窗口

使用 add(textArea) 将文本区域添加到窗口中显示。

（6）设置窗口属性

使用 setTitle(" 键盘事件监听示例 ") 设置窗口标题为“键盘事件监听示例”；使用 setSize(300, 200) 设置窗口大小为宽 300 像素、高 200 像素；使用 setDefaultCloseOperation (JFrame.EXIT_ON_CLOSE) 设置窗口的默认关闭操作为退出程序；使用 setVisible(true) 显示窗口，让用户可以看到文本区域与键盘交互。

（7）实现 KeyListener 接口的方法

1）keyPressed(KeyEvent e)：处理键被按下事件，打印按下的按键字符到控制台。

2）keyReleased(KeyEvent e)：处理键被释放事件，打印释放的按键字符到控制台。

3）keyTyped(KeyEvent e)：处理键被输入事件，打印输入的按键字符到控制台。

最后，在 main 方法中创建 KeyListenerDemo 对象，从而启动应用程序并显示窗口。

键盘按键事件执行结果如图 6-3-2 所示。

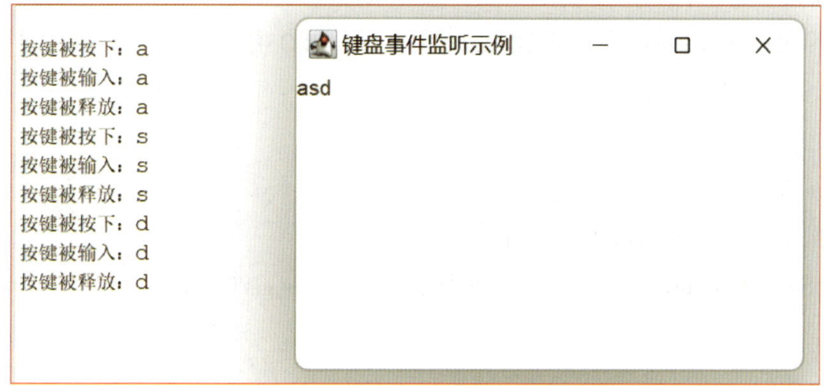

图 6-3-2 键盘按键事件执行结果

3. 文字事件的创建及处理

文字事件的创建及处理的主要步骤如下。

（1）定义文字事件监听器。

（2）重写文字事件处理方法。

（3）注册文字事件监听器。

例如，处理文本插入事件，打印当前文本域的文本内容到控制台；处理文本删除事件，打印当前文本域的文本内容到控制台；处理文本改变事件，此处未实现具体功能。示例代码如下。

示例代码：

```
import javax.swing.JFrame;
import javax.swing.JTextArea;
import javax.swing.event.DocumentEvent;
import javax.swing.event.DocumentListener;
public class TextListenerDemo extends JFrame implements DocumentListener {
    private JTextArea textArea;
    public TextListenerDemo () {
        textArea = new JTextArea ();
        textArea.getDocument ().addDocumentListener(this);
        add(textArea);
        setTitle(" 文本事件监听示例 ");
        setSize(300, 200);
        setDefaultCloseOperation(JFrame.EXIT_ON_CLOSE);
        setVisible(true);
    }
    @Override
    public void insertUpdate(DocumentEvent e) {
        System.out.println(" 文本插入事件：" + textArea.getText ());
    }
    @Override
```

```
    public void removeUpdate(DocumentEvent e) {
        System.out.println(" 文本删除事件: " + textArea.getText ());
    }
    @Override
    public void changedUpdate(DocumentEvent e) {
    }
    public static void main(String[ ] args) {
        new TextListenerDemo ();
    }
}
```

上述案例代码的编写步骤如下。

（1）定义 TextListenerDemo 类

定义名为 TextListenerDemo 类，此类继承了 JFrame 类并实现了 DocumentListener 接口，用于处理文本域的文本事件。

（2）声明成员变量

声明一个 JTextArea 对象 textArea，用于显示文本域。

（3）构造方法 TextListenerDemo ()

在构造方法中初始化文本域 textArea，并将当前对象注册为 textArea 的文本事件监听器。

（4）注册文本事件监听器

使用 textArea.getDocument ( ).addDocumentListener(this) 将当前对象注册为 textArea 的文本事件监听器。

（5）添加文本域到窗口

使用 add(textArea) 将文本域添加到窗口中显示。

（6）设置窗口属性

使用 setTitle(" 文本事件监听示例 ") 设置窗口标题为“文本事件监听示例”；使用 setSize(300, 200) 设置窗口大小为宽 300 像素、高 200 像素；使用 setDefaultCloseOperation (JFrame.EXIT_ON_CLOSE) 设置窗口的默认关闭操作为退出程序；使用 setVisible(true) 显示窗口，让用户可以看到文本域与文本交互。

（7）实现 DocumentListener 接口的方法

1）insertUpdate(DocumentEvent e)：处理文本插入事件，打印当前文本域的文本内容到控制台。

2）removeUpdate(DocumentEvent e)：处理文本删除事件，打印当前文本域的文本内容到控制台。

3）changedUpdate(DocumentEvent e)：处理文本改变事件，此处未实现具体功能。

最后，在 main 方法中创建 TextListenerDemo 对象，从而启动应用程序并显示窗口。

文本事件执行结果如图 6-3-3 所示。

图 6-3-3　文本事件执行结果

4. 窗口事件的创建及处理

窗口事件的创建及处理的主要步骤如下。

（1）定义窗口事件监听器。

（2）重写窗口事件处理方法。

（3）注册窗口事件监听器。

例如，处理窗口打开事件，打印信息到控制台；处理窗口即将关闭事件，打印信息到控制台；处理窗口关闭事件，打印信息到控制台；处理窗口最小化事件，打印信息到控制台；处理窗口从最小化恢复事件，打印信息到控制台；处理窗口激活事件，打印信息到控制台；处理窗口失去焦点事件，打印信息到控制台。示例代码如下。

示例代码：

```
import java.awt.event.WindowEvent;
import java.awt.event.WindowListener;
import javax.swing.JFrame;
```

```
public class WindowListenerDemo extends JFrame implements WindowListener {
    public WindowListenerDemo ( ) {
        addWindowListener(this);
        setTitle(" 窗口事件监听示例 ");
        setSize(300, 200);
        setDefaultCloseOperation(JFrame.EXIT_ON_CLOSE);
        setVisible(true);
    }
    @Override
    public void windowOpened(WindowEvent e) {
        System.out.println(" 窗口已打开 ");
    }
    @Override
    public void windowClosing(WindowEvent e) {
        System.out.println(" 窗口即将关闭 ");
    }
    @Override
    public void windowClosed(WindowEvent e) {
        System.out.println(" 窗口已关闭 ");
    }
    @Override
    public void windowIconified(WindowEvent e) {
        System.out.println(" 窗口最小化 ");
    }
    @Override
    public void windowDeiconified(WindowEvent e) {
        System.out.println(" 窗口恢复 ");
    }
    @Override
    public void windowActivated(WindowEvent e) {
```

```
            System.out.println(" 窗口激活 ");
        }
        @Override
        public void windowDeactivated(WindowEvent e) {
            System.out.println(" 窗口失去焦点 ");
        }
        public static void main(String[ ] args) {
            new WindowListenerDemo ( );
        }
}
```

上述案例代码的编写步骤如下。

（1）定义 WindowListenerDemo 类

代码定义了 WindowListenerDemo 类，此类继承了 JFrame 类并实现了 WindowListener 接口，用于处理窗口事件。

（2）构造方法 WindowListenerDemo ( )

在构造方法中将当前对象注册为窗口事件监听器。

（3）注册窗口事件监听器

使用 addWindowListener(this) 将当前对象注册为窗口事件监听器。

（4）设置窗口属性

使用 setTitle(" 窗口事件监听示例 ") 设置窗口标题为“窗口事件监听示例”；使用 setSize(300, 200) 设置窗口大小为宽 300 像素、高 200 像素；使用 setDefaultCloseOperation (JFrame.EXIT_ON_CLOSE) 设置窗口的默认关闭操作为退出程序；使用 setVisible(true) 显示窗口，让用户可以看到窗口并进行操作。

（5）实现 WindowListener 接口的方法

1）windowOpened(WindowEvent e)：处理窗口打开事件，打印信息到控制台。

2）windowClosing(WindowEvent e)：处理窗口即将关闭事件，打印信息到控制台。

3）windowClosed(WindowEvent e)：处理窗口关闭事件，打印信息到控制台。

4）windowIconified(WindowEvent e)：处理窗口最小化事件，打印信息到控制台。

5）windowDeiconified(WindowEvent e)：处理窗口从最小化恢复事件，打印信息到控制台。

6）windowActivated(WindowEvent e)：处理窗口激活事件，打印信息到控制台。

7）windowDeactivated(WindowEvent e)：处理窗口失去焦点事件，打印信息到控制台。

最后，在 main 方法中创建 WindowListenerDemo 对象，从而启动应用程序并显示窗口。

窗体事件执行结果如图 6-3-4 所示。

图 6-3-4　窗体事件执行结果

实训案例 6　计算器设计

一、案例要求

使用 Eclipse 设计并实现一个计算器桌面程序，计算器 GUI 如图 6-3-5 所示。只需要考虑一次运算符的计算结果。计算器既能满足加减乘除四则运算，又能进行平方与开根号运算，同时计算器还存在 0~9 的按钮，与常数 π 的按钮。

图 6-3-5　计算器 GUI

二、案例分析

在设计计算器桌面程序时，需要先考虑界面布局设计，然后对布局中的控件进行设置，最后对控件的业务处理逻辑进行编程。

1. 界面布局设计

根据给定的计算器界面可知，其由三部分组成。第一部分是窗体部分，在它左上角包含了程序的图标；第二部分是文本框部分，用于展示输入的数字以及计算后的结果；第三部分是按钮部分，其为用户提供了计算器的操作符及数字按钮。

在前面的学习中，介绍了 Frame 默认情况下使用的是边界布局管理器，边界布局将界面分为东、西、南、北、中五个区域，可以根据这一特点将文本框部分放置在边界布局的东区域。然后根据按钮部分 5 行 4 列的特性，采用网格布局进行分配，并将此网格布局放置在边界布局的中区域。

最后，对于窗体部分，为提升用户使用体验，可将窗体设置在屏幕中央区域进行显示。左上角的程序图标可以使用 ImageIcon 类引入图片，使用 setIconImage ( ) 方法放置图标。

2. 控件属性配置

在文本框部分，只需引入 JTextField 控件作为输入数字与结果数据的展示区。然而，在默认情况下，用户可以编辑文本框的内容，因此需要设置为不允许编辑。因为 JTextField 控件无法编辑后，控件的背景颜色会置灰，所以还需要对 JTextField 控件的背景色进行修改。

对于按钮部分的文本，可以考虑使用字符串数组存储这些数字与操作符，再使用 for 语句循环遍历字符串数组，这样就可以批量地添加按钮上的文本。此外，在图 6-3-5 中，文本大小、粗细并不一致，可以在 for 语句循环遍历添加按钮文本的同时，设置不同文本的字体类型，以达到美观的效果。

3. 事件逻辑处理

（1）数字与计算按钮

用户单击数字，通过在数字按钮上设置的监听器，可以将数字及时显示在文本框上，但需要注意的是数字显示的顺序。

（2）“=”按钮

单击所有的运算符后，再单击“=”按钮，程序就能得出此次操作符的最终结果，因此需要在“=”按钮对上一个操作符号进行记录，有了上次操作符的记录，系统才能进行运算。

（3）“AC”按钮

用户单击“AC”按钮，即可将文本框清空。同时，对业务代码中的存储操作符变量进行初始化。

三、案例实现

1. 创建 Java 项目

启动 Eclipse，在打开的 Eclipse 窗口中，依次单击“文件”“新建”“项目”选项，在选择向导对话框中，依次单击“Java”下的“Java 项目”选项。在弹出的“新建 Java 项目”对话框中，输入项目名“MyCalculator”，单击“完成”按钮。

2. 在项目下创建包

在 MyCalculator 项目下，依次单击“文件”“新建”“包”选项，或单击工具栏中的按钮，在弹出的“新建 Java 包”对话框中，输入包名称“com.scj.gui”，单击“完成”按钮。

3. 创建 Java 类

在当前 MyCalculator 项目下，依次单击“文件”“新建”“类”选项，或单击工具栏中的按钮，在弹出的“新建 Java 类”对话框（见图 6-3-6）中进行以下操作。

图 6-3-6 “新建 Java 类”对话框

（1）确定源代码文件存放的包“com.scj.gui”。

（2）输入新建类的名称“MyCalculator”。

（3）勾选“public static void main(String[ ] args)”复选框。

（4）单击“完成”按钮，即完成了一个类的框架创建。

此时，可以在包资源浏览器中看到类的源程序文件“MyCalculator.java”。

4. 编写程序代码

示例代码：

```
package com.scj.gui;
import java.awt.BorderLayout;
import java.awt.Color;
import java.awt.Dimension;
import java.awt.FlowLayout;
import java.awt.Font;
import java.awt.GridLayout;
import java.awt.Image;
import java.awt.Toolkit;
import java.awt.event.ActionEvent;
import java.awt.event.ActionListener;
import java.util.Objects;
import javax.swing.ImageIcon;
import javax.swing.JButton;
import javax.swing.JFrame;
import javax.swing.JPanel;
import javax.swing.JTextField;
public class MyCalculator extends JFrame implements ActionListener {
    // 面板默认使用流布局
    private JPanel jp_textfield = new JPanel ( );
    private JTextField result_text = new JTextField ( );
    private JPanel jp_buttons = new JPanel ( );
```

```
private String firstInput = "";
private String operator = "";
private String old_operator = null;
public static void main(String[ ] args) {
    MyCalculator calculator = new MyCalculator ( );
    calculator.setVisible(true);
}
// 构造方法
public MyCalculator ( ) {
    this.init ( );
    this.addComponent ( );
}
// 窗体初始化
private void init ( ) {
    this.setTitle(Constant.TITLE);
    // 设置窗口的宽度和高度
    this.setSize(Constant.FRAME_WIDTH, Constant.FRAME_HEIGHT);
    // 底层窗体使用边框布局
    this.setLayout(new BorderLayout ( ));
    // 设置窗体不能拉伸
    this.setResizable(false);
    // 设置窗体的中心点位置
    this.setLocation(Constant.frame_x, Constant.frame_y);
    // 替换图标文件路径
    Image icon = new ImageIcon("src\\com\\scj\\gui\\icon.png").getImage ( );
    this.setIconImage(icon);
    this.setDefaultCloseOperation(JFrame.EXIT_ON_CLOSE);
}
// 添加组件
public void addComponent ( ) {
    this.result_text.setPreferredSize(new Dimension(280, 38));
```

```
        result_text.setFont(new Font(" 粗体 ", Font.CENTER_BASELINE, 20));
        result_text.setEditable(false);
        result_text.setBackground(Color.WHITE);
        // 添加文本框
        jp_textfield.add(result_text);
        // 添加文本框部分
        this.add(jp_textfield, BorderLayout.NORTH);
        // 设置网格布局
        this.jp_buttons.setLayout(new GridLayout(5, 4));
        for (int i = 0; i < Constant.KEYS.length; i++) {
            JButton btn = new JButton ( );
            btn.setText(Constant.KEYS[i]);
         // 将运算符字体设置为粗体
          if(Constant.KEYS[i].equals("+")|| Constant.KEYS[i].equals("-") || Constant.KEYS[i].
equals("*") || Constant.KEYS[i].equals(".") || Constant.KEYS[i].equals("=") || Constant.KEYS[i].
equals("/")) {
                btn.setFont(new Font(" 粗体 ", Font.BOLD, 22));
                btn.setForeground(Color.DARK_GRAY);
            }else if (Constant.KEYS[i].equals("AC") ||
                        Constant.KEYS[i].equals("sqrt") ||
                        Constant.KEYS[i].equals("x*x")) {
                btn.setFont(new Font(" 粗体 ", Font.BOLD, 16));
                btn.setForeground(Color.DARK_GRAY);
            } else if(".0123456789".indexOf(Constant.KEYS[i]) != -1) {
                btn.setFont(new Font(" 粗体 ", Font.BOLD, 14));
            }
            // 为按钮设置监听器
            btn.addActionListener(this);
            jp_buttons.add(btn);
        }
        this.add(jp_buttons, BorderLayout.CENTER);
```

```
}
@Override
public void actionPerformed(ActionEvent e) {
    // 获取单击按钮的值
    String clickStr = e.getActionCommand ( );
    if (".0123456789".indexOf(clickStr) != -1) {
        System.out.println(clickStr);
        if (!result_text.getText ( ).equals("") || !clickStr.equals(".")) {
                if(!result_text.getText ( ).contains(".") || !clickStr.equals("."))
    {
                    this.result_text.setText(result_text.getText ( ) + clickStr);
                old_operator = null;
            }
        }
    // 按钮为 pi
    } else if (clickStr.equals(Constant.KEYS[16])) {
        this.result_text.setText(String.valueOf(Math.PI));
        old_operator = null;
     // 按钮为 x*x
    } else if (clickStr.equals(Constant.KEYS[1])) {
        old_operator = null;
        operator = clickStr;
        firstInput = this.result_text.getText ( );
     // 按钮为 sqrt
    } else if (clickStr.equals(Constant.KEYS[1])) {
        old_operator = null;
        operator = clickStr;
        firstInput = this.result_text.getText();
    }
     // 按钮为 + - * / 中的一种
     else if (clickStr.matches("[\\+\\-*/]{1}")) {
```

```
            old_operator = null;
            operator = clickStr;
            firstInput = this.result_text.getText ( );
            this.result_text.setText("");
        } else if (clickStr.equals("=") && old_operator != "=") {
            if (!firstInput.equals("") && !this.result_text.getText ( ).equals("")) {
                Double a = Double.valueOf(firstInput);
                Double b = Double.valueOf(this.result_text.getText ( ));
                Double res = null;
            // 判断操作符，进行运算
               switch (operator) {
               case "+":
                    res = a + b;
                    break;
               case "-":
                    res = a - b;
                    break;
               case "*":
                    res = a * b;
                    break;
               case "/":
                    if (b != 0) {
                        res = a / b;
                    }
                    break;
               case "x*x":
                    res = a * b;
                    break;
               case "sqrt":
                    res = Math.sqrt(b);
```

```
                    break;
                }
                this.result_text.setText(res.toString ( ));
                old_operator = "=";
            }
        } else if (clickStr.equals("AC")) {
            result_text.setText("");
            firstInput = "";
            operator = "";
        }
    }
}
// 常量类
class Constant {
    public static final String[ ] KEYS = { "x*x", "sqrt", "AC", "+", "7", "8", "9", "-", "4", "5",
"6", "*", "1", "2","3", "/", "pi", "0", ".", "=" };

    public static final int FRAME_WIDTH = 300;
    public static final int FRAME_HEIGHT = 358;
    public static final int SCREEN_WIDTH = Toolkit.getDefaultToolkit ( ).getScreenSize ( ).
width;
    public static final int SCREEN_HEIGHT = Toolkit.getDefaultToolkit ( ).getScreenSize ( ).
height;
    public static int frame_x = (SCREEN_WIDTH - FRAME_WIDTH) / 2;
    public static int frame_y = (SCREEN_HEIGHT - FRAME_HEIGHT) / 2;
    public static final String TITLE = " 计算器 ";
}
```

上述代码中存在两个类，一个是 MyCalculator 类，它继承 JFrame 类且实现了 ActionListener 接口；另一个是常量部分的 Constant 类，包含按钮的文本字符串数组，窗体的标题名、宽度、高度以及位置。

在 MyCalculator 类中，主要通过一个主程序以及 4 个方法组成。在主程序中，实例化 MyCalculator 类，从而启动计算器程序。在构造方法中，先调用初始化方法，再调用添加组件方法。

通过初始化方法构造窗体的标题、大小、显示位置及图标。然后，调用 addComponent ( ) 方法，该方法按窗体从上至下的顺序，先添加文本框作为输入数据与输出数据的展示区域，再依次添加按键部分的所有按钮，同时设置监听器。actionPerformed ( ) 方法实现了一次算术运算，同时处理了“.”符号不应独立存在的部分细节问题。

5. 运行程序

单击 Eclipse 窗口中的“运行”按钮运行程序，计算器运行界面如图 6-3-7 所示。

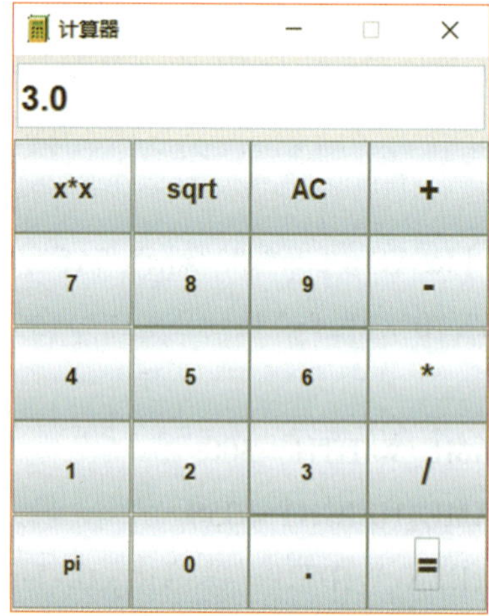

图 6-3-7　计算器运行界面